댕댕이와 함께 과학

댕댕이와 함께 과학

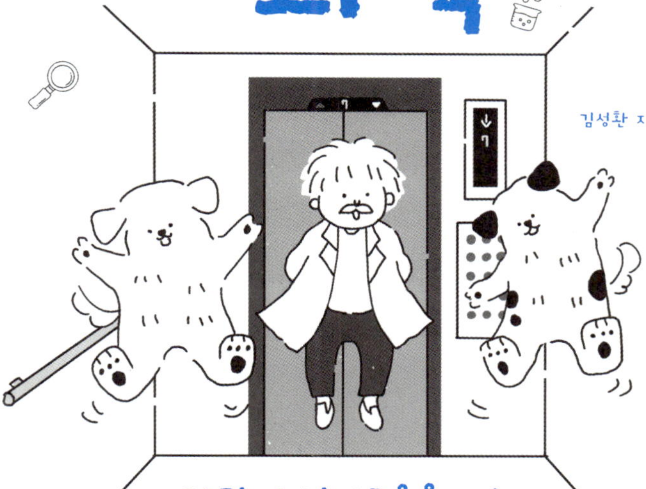

김성환 지음

과학의 경이로움을 여는
19가지 질문!
깜돌이와 꽁주가 들려주는
일상 속 과학 이야기

JINOPRESS

프롤로그

안녕하세요. 여러분. 깜돌이와 꽁주의 댕댕이 과학 세상에 오신 걸 환영해요. 이 책에는 주요 등장인물, 아니 주요 등장 개 두 마리와 함께 사는 사람 한 명이 나와요.

 깜돌 이 책의 남자 주인공이에요. 하얀 몸에 검은색 얼룩이 있어요. 보더콜리라고 오해받지만 사실 그냥 믹스견이랍니다. 활기차고 천진난만한 아홉 살이에요. 딱 인간 남자아이 아홉 살과 비슷한 성격이죠. 그저 뛰어놀고 싶어 하고 맛있는 것을 먹으면 행복해한답니다.

꽁주 이 책의 여자 주인공이에요. 금빛에 가까운 갈색

이에요. 깜돌이의 쌍둥이 누나여서 마찬가지로 아홉 살이에요. 꽁주는 다른 개들과 달리 생각이 아주 많아요. 꽁주는 인간 오빠와 함께 살고 있는데 오빠는 수학과 과학을 좋아해서 심심하면 그런 책을 읽는답니다. 꽁주도 오빠 모르게 수학과 과학에 관한 책들을 혼자 즐겨 읽었답니다. 그래서 꽁주는 수학과 과학에 대한 지식을 많이 쌓게 되었어요.

🌐 한이 수학과 과학, 과학 중에서 특히 물리학과 천문학을 좋아하는 인간 남자예요. 성향은 I에 가깝고, 일을 마치고 집에 와서 책 읽기를 좋아한답니다. 그런데 한이가 모르는 것이 하나 있어요. 꽁주가 과학에 대해 많은 것들을 알고 있다는 사실이죠.

이 책에는 댕댕이 남매 깜돌이와 꽁주 그리고 인간 한이, 이렇게 셋이서 평범하게 살아가는 이야기가 담겨 있어요. 그런데 이 평범한 이야기 속에 과학에서 배우는 삶의 지혜가 들어 있답니다. 강아지를 좋아하거나, 과학에 관심 있거나, 평범한 일상을 조금 다른 시각으로 보고 싶은 분에게 도움이 될 것입니다. 그럼 본격적으로 이야기를 시작하기 전에 제가 왜 이런 글을 쓰게 되었는지부터 말해야 할 것 같아요.

제가 대학생 때였어요. 저는 우연히 대학생을 대상으로 하는 과학 캠프에 참여하게 되었어요. 이 캠프에서는 다섯 명씩 한 팀을 이루어 실험하고 그 결과를 캠프 마지막 날에 발표하기로 했어요. 그리고 가장 뛰어난 팀을 선정해 상을 준다고 했죠. 우리 팀은 저 말고는 모두 여자라서 저는 청일점으로 함께 실험을 진행했어요. 팀원 중 제가 나이가 제일 많아서 자연스럽게 팀 리더도 맡게 되었죠.

그런데 저는 이 실험의 내용을 반도 이해하지 못했어요. 실험이 너무 어려웠고 결과를 구하는 계산도 복잡했죠. 다행히 팀원들이 모두 똑똑했고 저는 이해를 못 해도 그들이 문제를 풀고 실험을 해석해주었어요. 팀원들이 이렇게 잘해주니 저는 따로 머리를 쓰지 않아도 되었어요. 그래도 리더이다 보니 뭔가 해야겠더라고요. 저는 제가 무엇을 할 수 있을까를 생각했어요.

'그래. 그렇다면 나는 이 실험 결과를 어떻게 하면 재미있고 효과적으로 발표할 수 있을지를 생각해보자.'

그리고 고민 끝에 복잡하고 어려운 실험을 동화책 콘셉트로 발표해보자고 제안했어요. 의외로 팀원들은 좋아했어요. 팀원들이 어려운 작업을 하고 있을 때 저는 이 작업을 동화로 지어보았죠. 모든 준비가 끝나고 캠프 마지막 날에 발표가 시작되었어요. 대부분 팀이 역시나 딱딱한 발표를 이어나갔어요. 드디어 우리 팀 차례가 되었고 우리는 준비한 대로 동화 콘셉트로 재미있는 발표를 했어요.

신기하게도 다른 팀들이 굉장히 좋아했어요. 발표를 마치고 자리로 돌아갈 때 "와, 이걸 동화로 풀다니"라는 다른 팀의 소리도 들었죠. 교수님들도 좋아하셨는데 현실적 실험을 전혀 어울릴 것 같지 않은, 희망과 꿈이 가득한 동화 콘셉트로 발표한 것을 신선하게 보신 것 같아요. 벌써 10년 전 일이지만 아직도 이 발표에서 제가 마지막에 했던 말이 생각나요.

"여러분처럼 똑똑한 사람들은 연구에 지나치게 몰두한 나머지 현실적인 세상만 보게 될지 몰라요. 그럴 때 이 동화처럼 연구에도 분명 따뜻한 꿈이 있을 수 있다는 것을 기억해주세요. 그 보이지 않는 꿈이 연구를 더 나은 방향으로 이끌지도 모르거든요."

드디어 대망의 우승팀 발표 시간이 되었고 우리 팀이 우승을 했답니다. 팀원들과 저는 너무나 기뻤죠. 모두가 같은 방향을 볼 때 저는 조금 다른 방향을 보았는데 그것이 동화였어요.

저는 수학과 과학을 좋아해요. 평소 이 둘을 공부하면서 신기한 지식을 얻게 되는데 사람들이 단지 어렵다는 이유로 그런 기회를 얻지 못한다는 점이 안타까웠어요. 그리고 문득 이런 생각이 떠올랐어요.

'아, 그래, 대학생 때 그 과학 캠프에서처럼 동화를 통해 재미있고 신기한 지식을 들려주면 어떨까?'

그런데 막상 동화를 쓰려고 하니, 아뿔사 저는 이과였어요. 동화를 써본 경험이 없었죠. 그래서 제가 쓸 수 있는 저만의 동화를 생각했죠. 그리고 떠오른 것이 제가 키우는 댕댕이 남매인 깜돌이와 꽁주였어요. 10년 가까이 함께 살아서 개의 일상은 누구보다 잘 알고 있거든요. 그래, 이 녀석들의 이야기를 동화로 써보자. 이건 내가 쓸 수 있을 거야라고 생각했죠.

이런 이유로 이 동화는 시작돼요. 어린 남자아이처럼 활기찬 깜돌이와 성숙하고 지혜로운 꽁주 그리고 이들과 즐겁게 살아가는 인간 한이의 이야기를 반갑게 들어주시면 좋겠어요. 그럼 지금부터 과학을 곁들인 동화 속으로 초대할게요!

차례

프롤로그 ⋯ 005

1. **관성** – 이동하는 데는 사실 힘이 안 든다고? ⋯ 013
2. **주변시** – 바로 보려고 하면 더 잘 안 보인다고? ⋯ 023
3. **E=mc²** – 아무리 작아도 엄청난 에너지가 있다고? ⋯ 033
4. **음수** – 양수에 음수를 곱한다고? ⋯ 045
5. **도시의 별** – 사실 별이 많다고? ⋯ 054
6. **작용 반작용** – 땅이 나를 민다고? ⋯ 061
7. **무한** – 유한 안에 무한이 들어 있다고? ⋯ 070
8. **별자리** – 별자리가 사실은 밤하늘의 지도라고? ⋯ 079
9. **중력** – 달이 지구로 떨어지고 있다고? ⋯ 088
10. **부력** – 물 대신 뜨는 거라고? ⋯ 098
11. **시간** – 시간이 정말로 느리게 흐른다고? ⋯ 109

- 12 **눈** — 멀리 있는 건 왜 작게 보일까? … 118
- 13 **방향** — 직각이 새로운 차원을 만드는 각도라고? … 127
- 14 **지구의 자전** — 우리는 왜 회전을 느끼지 못할까? … 136
- 15 **이진법** — 단순하면 가치가 없을까? … 143
- 16 **중첩** — 소리는 서로 섞이지 않는다고? … 151
- 17 **허수** — 상상으로 만든 세계가 쓸모가 있다고? … 158
- 18 **자석** — 길이가 줄어들어서 서로 끌어당기는 거라고? … 164
- 19 **일반상대성이론** — 중력이 가속과 관련있다고? … 175

에필로그 … 183

1 관성

이동하는 데는
사실 힘이 안 든다고?

한이가 일하러 집을 나간 사이에 깜돌이는 뒹굴거리며 아파트 베란다 너머를 구경하고 있었어요. 한편 꽁주는 지난번에 읽다 만 과학책을 보고 있었죠. 깜돌이가 꽁주에게 물었어요.

"어휴, 누나. 또 그 책 보는 거야? 재미도 없는 과학책은 봐서 뭐하려고? 우리는 댕댕이잖아. 과학책을 본다고 뭐가 더 나아지겠어?"

꽁주가 대답했지요.

"그런가? 그래도 생각보다 재미있어. 나도 처음에는 한이 오빠가 왜 이런 걸 열심히 볼까 했는데, 직접 읽어보니 알겠더라고. 꽤 흥미로운 것들이 과학 안에 있어."

깜돌이는 고개를 절레절레 흔들며 모르겠다는 표정을

짓더니 편안히 이불 위에 누워서 창밖으로 지나가는 사람들을 멍하니 쳐다보았어요. 그때였어요.

"삑삑……띠로롱…… 철컥."

"아싸. 한이 형 왔다!" 깜돌이는 신나서 얼른 일어나 현관문으로 마중 나갔어요. 꽁주는 읽던 책을 덮고는 얌전히 앉아 있었죠.

"얘들아. 나 왔어! 으이구. 그래. 좋아. 그래 오래 기다렸지. 산책 갔다 오자."

산책! 깜돌이와 꽁주가 가장 좋아하는 단어 베스트 3에 드는 말이었어요. 한이는 깜돌이와 꽁주를 데리고 산책을 자주 나갔어요. 이 친구들은 실내에서는 쉬야와 응가를 하지 않았거든요. 실외 배변을 했기 때문에 꼭 자주 나가야 했지요.

한이는 처음에는 깜돌이와 꽁주를 한꺼번에 데리고 산책했어요. 그런데 깜돌이는 활기찬 남자아이라 자기 마음대로 가고 싶어 했고, 꽁주는 천천히 느긋하게 산책하기를 좋아했어요. 한 번에 나가면 좋지만 성향이 다른 두 녀석을 같이 산책시키는 것은 좋지 않다고 생각해서 얼마 전부터는 따로 산책을 시켰어요. 깜돌이 먼저 산책하고, 그다음 꽁주를 산책시켰지요.

그래서 오늘도 깜돌이와 먼저 산책하러 나갔어요. 꽁주는 집에서 얌전히 기다리고 있었지요. 얼마간 시간이 지난 후 깜돌이와 한이 오빠가 돌아왔어요. 그런데 깜돌이도 헉헉댔고 한이 오빠도 헉헉거렸죠. 한이는 힘들었지만 연이어 꽁주와 산책을 나갔어요. 깜돌이는 집에서 기다렸죠. 잠시 후 한이 형과 꽁주 누나가 돌아왔어요. 그런데 한이 형도 꽁주 누나도 아주 편안한 상태였어요. 전혀 숨이 차 보이지 않았죠. 한이는 산책을 마친 후 맛있는 밥을 주었어요. 그리고 자신의 방에 들어가서 청소와 정리를 시작했어요.

깜돌이와 꽁주는 거실에서 밥을 먹은 후 산책도 했겠다 편안한 자세로 눕거나 앉아서 쉬고 있었어요. 그런데 꽁주가 깜돌이에게 물었어요.

"깜돌아, 너는 한이 오빠랑 산책을 도대체 어떻게 하기에 둘 다 힘들어 하는 거야? 계속 달리다 오니?"

깜돌이는 답했죠.

"응? 아니. 대부분은 그냥 걸어 다녀. 아. 그런데 저쪽에 맛있는 냄새가 나면 갑자기 달리긴 하지. 그리고 또 갑자기 멈췄다가 그걸 주워 먹고. 그러고 다시 걸어. 그런데 또 저쪽에 다른 개가 있는 거야. 그러면 또 갑자기 그 개에게 달려가. 그 앞에서 급브레이크를 한 다음에 냄새를 맡고 다시 걷지. 그냥 그 정도인데. 참 이상하지? 왜 산책을 갔다 오면 이렇게 힘이 들까? 한이 형도 힘들어하고. 내가 계속 달리는 것도 아니거든. 뭔가를 만나면 갑자기 달리기는 해도 대부분 걸어 다니는데 힘이 많이 들어."

꽁주는 깜돌이의 말을 듣고 잠시 생각했어요. 그리고 왜 깜돌이가 산책할 때 힘든지 알았지요.

"깜돌아, '관성'이라는 것을 혹시 아니?"

관성? 깜돌이는 처음 듣는 단어였어요. 꽁주 누나는 참 이상한 단어를 아네 하고 생각했지요.

"관성이 뭔데?"

"관성은 움직이던 것은 움직이고 있는 그 방향, 그 빠르기 그대로 계속 움직이려고 하고, 멈춰 있는 것은 계속 멈춰 있으려는 성질이야."

"응? 아, 누워 있으면 계속 누워 있고 싶은 거랑 같은 말인가?"

꽁주는 웃으며 대답했어요.

"맞아. 그것도 관성이라고 할 수 있지. 관성은 한이 오빠가 보던 물리학책에 나오는 단어인데 꽤 흥미로운 내용이라서 기억하고 있지. 깜돌아, 우리 저번 겨울에 빙판길 위를 지나던 것 기억나? 그때는 우리가 같이 산책했잖아."

"응, 기억나. 그때 앞에 빙판이 있는 줄도 모르고 뛰어가다가 그대로 쭉 미끄러졌잖아. 놀라기도 했고 재밌기도 했어."

"그래. 그런데 그때 미끄러질 때 우리가 따로 다리를 움직이지 않았는데도 앞으로 쭉 이동할 수 있었던 거 기억나?"

"응, 생각해보니 그렇네. 아무것도 안 했는데 신기하게도 이쪽에서 저쪽으로 갔어. 원래 땅에서는 여기서 저기로 가려면 꼭 다리와 발을 사용해서 걷거나 뛰어야 하는데 말이야."

"그렇지, 깜돌아. 내가 놀라운 사실 하나를 알려줄까? 사실 말이야, 원래는 이쪽에서 저쪽으로 이동할 때 우리는 아무것도 할 필요가 없어. 우리가 이미 어느 정도 빠르기로 움직이고 있었다면 관성에 의해 그 빠르기는 계속 유지되려고 하거든. 빙판길에서는 아무것도 하지 않아도 우리가 달리던 빠르기대로 이동할 수 있었어. 그것이 바로 이 관성 때문이야."

"으잉? 정말? 말도 안 돼. 당연히 이동하려면 내 다리와 발로 땅을 밀어서 힘을 줘야 하는데, 아무것도 안 해도 이동할 수 있다고? 에이. 역시 말도 안 돼. 어? 아닌데. 잠깐만. 분명 빙판길에서는 정말로 그랬잖아. 내 다리를 사용하지 않았는데도 이동할 수 있었어. 이게 도대체 어떻게 된 거지?"

꽁주는 미소 지으며 깜돌이에게 말해주었어요.

"원래 우리가 당연하게 생각하던 것. 여기서 저기로 이동하려면 꼭 뭔가를 해야 한다는 건 평소 생활에서는 맞는 말이긴 해. 하지만 진실은 여기서 저기로 이동할 때 우리가 어느 정도 빠르기를 갖고 있었다면 아무것도 안 해도 이동할 수 있다가 맞아.

빙판길과 평소 우리가 걷던 땅의 다른 점이 뭔지 아니? 빙판길은 아주 미끄러웠고 땅은 아주 거칠었지? 이동할 때 바닥과 우리 발바닥 사이에는 '마찰력'이라는 힘이 서로 작용하는데, 바닥이 미끄러우면 약한 마찰력이, 거칠면 강한 마찰력이 일어난 거야. 마찰력은 어떤 방향으로 이동하는 물체의 반대 방향으로 작용해. 원래 빠르기로의 이동을 방해하는 힘이라고 할 수 있지. 즉 마찰력이 강할수록 이 방해하는 정도가 커지는 거야."

꽁주는 잠시 생각을 정리한 후 말을 이어나갔어요.

"깜돌이 네가 미끄러운 빙판길에서 어떤 빠르기로 이동하고 있었다고 해볼게. 빙판길에서는 마찰이 약하게 일어나. 이때는 방해하는 힘이 작아. 그래서 아무것도 안 해도 쭉 이동할 수 있는 거지. 어떤 빠르기로 이동하고 있는 물건 혹은 사람이나 개는 아무런 방해가 없다면 계속 그 빠르기로 이동하게 돼. 이것이 관성이지.

그런데 빙판길이 끝나고 마찰이 강하게 일어나는 땅 위에 가게 되니까 어땠니? 금방 그 빠르기가 줄고 아무것도 안 하니까 어느새 멈춰버리게 됐지. 거친 땅 표면의 강한 마찰이 네가 이동하던 방향의 반대쪽으로 방해하는 힘을 줘서 빠르기가 점점 줄다가 멈춰버린 거야. 평소에는 우리가 마찰이 약한 빙판길이 아닌 마찰이 강한 땅 위에 살고 있기 있어서 이동할 때는 항상 관성을 방해하는 힘을 받게 되거든. 그래서 이동하려면 다리와 발을 사용해 힘을 주는 것이 당연하게 생각되었던 거지. 마찰이 약하거나 없다면 원래의 빠르기가 유지되어서 이동하는 데 힘을 쓸 필요가 없는데 말이야."

깜돌이는 눈이 동그래지며 말했어요.

"우와! 엄청 신기하다! 뭐야? 완전히 내가 생각하던 거랑은 반대잖아. 누나 대단하다."

"대단하긴. 나는 그저 과학자들이 밝혀내고 알려준 지식을 말한 것뿐이야."

"그래도 대단해. 어? 근데 누나, 관성은 왜 이야기한 거야? 이거랑 힘든 내 산책이 무슨 상관이 있어?"

"응. 생각해봐. 관성은 물체가 자신의 운동 상태(지금 움직이고 있는 그 방향, 그 빠르기)를 그대로 유지하려는 성질이야. 그리고 우리는 '힘'을 통해 이 운동 상태를 바꿀 수 있지. 원래 땅 위에서 일정한 빠르기로 계속 달리는 것도 근육을 사용해야 하니까 힘이 들지만 우리는 관성의 입장에서만 생각해볼 거야.

관성의 입장에서 보면 네가 천천히 걷든 빠르게 달리든 그 빠르기를 그대로 유지하는 것이 가장 자연스러운 상태일 거야. 빠르기를 바꾸려면 그때마다 관성을 깨야 하는데 이때 힘이 들어가거든. 너는 산책할 때 빠르기를 바꾸는 경우가 많지? 무슨 냄새가 나거나 다른 개를 보면 흥분해서 갑자기 달려 나갔잖아. 이렇게 자주 빠르기를 높이기도 하고 갑자기 멈추기도 하면 계속 관성에 반해야 하니까 힘든 상태가 될 수밖에 없지. 그래서 산책을 다녀오면 너도 힘들고, 너를 따라 계속 빠르기를 바꿔야 했던 한이 오빠도 힘든 거지."

"아. 그렇구나. 내가 계속 빠르기를 바꿔서 그렇게 피곤했구나. 오케이, 알았어. 그럼 다음부터는 빠르기를 너무 자주 바꾸지 말아야겠어. 그래야 관성이 유지되어 힘도 덜 들겠지. 고마워, 꽁주 누나."

"고맙긴. 관성에 신경 쓰면 더 편안히 산책할 수 있을 거야."

한이는 방 청소를 마치고 거실로 나왔어요. 깜돌이와 꽁주는 산책도 했고 밥도 먹어서 편안해 보였지요. 어느덧 해가 져서 한이는 저녁 식사를 했고 조금 쉬다 보니 다시 산책 시간이 되었어요. 한이는 깜돌이와 먼저 산책을 나갔죠. 이번 산책도 기운 넘치는 깜돌이 때문에 힘이 많이 들겠다고 각오를 했죠.

어라? 그런데 웬일이죠? 깜돌이랑 산책을 마치고 돌아오는데 처음으로 힘들지 않았어요. '뭐가 달라졌나?' 한이는 의아해하면서도 깜돌이와 편안히 산책할 수 있어 좋았어요. 뭔지 모르겠지만 몸이 힘들지 않았고 기다리고 있던 꽁주와 더 여유롭게 산책할 수 있었어요. 역시 산책은 참 좋은 거였어요.

2 주변시

바로 보려고 하면
더 잘 안 보인다고?

깜돌이는 어느 날 갑자기 투덜거리며 말했어요.

"에잇. 이제 안 먹어!"

꽁주가 깜돌이에게 물었어요.

"뭘 안 먹는다는 거야?"

"사료. 이제는 안 먹을 거야. 맛없어."

깜돌이는 굳게 결심한 듯 말했어요.

한이는 점심 시간이 되자 늘 하던 대로 깜돌이와 꽁주의 밥그릇에 사료를 부어 주었지요. 꽁주는 천천히 몸을 일으켜 사료를 먹으러 왔어요. 그런데 깜돌이는 요지부동이었죠.

"어? 깜돌이가 왜 사료를 안 먹지? 이상하다."

한이는 이유를 알 수 없었어요. '몸이 안 좋나?' 그래서 확인차 간식을 줘봤지요. 그러자 얼른 다가와서 먹는 거예요. '흠, 몸은 멀쩡한데. 아, 사료가 싫은 거구나.' 한이는 개들이 사료를 먹기 싫어할 때가 있다는 걸 인터넷에서 본 기억이 떠올랐어요.

'어쩌지. 사료를 안 먹다니. 다른 것을 줘야 하나?'

한이는 인터넷과 개 관련 책들을 뒤적였어요. 그리고 개에게는 사료 말고도 여러 가지 다른 음식을 줄 수 있다는 것을 알게 되었어요. 생것을 그대로 주는 생식이 있고, 사람이 먹는 것처럼 불에 익혀 주는 화식도 있다는 것을 알게 되었지요. 사료, 생식, 화식 중 어떤 것이 더 나은지에 대한 정답은 없었어요. 개를 키우는 사람마다 전문가마다 의견이 달랐거든요. 어쨌든 한이는 기왕 이렇게 된 김에 사료 말고 다른 음식을 줘보자고 결심했어요.

생식이 개에게 좋다고 하는 말에 인터넷에서 생식을 주문해서 깜돌이에게 줘봤어요. 처음에는 낯설어 하다가 결국 잘 먹게 되었지만 워낙 장이 예민한 깜돌이라서 생식을 먹으면 응가가 조금 묽게 나오는 경향이 있었어요. 어떤 개에게는 생식이 맞고 어떤 개에게는 화식이 맞는다는 말이 있어 이번에는 화식에 도전해보기로 했어요.

화식은 한이가 직접 만들어보았어요. 고기와 여러 채소, 고구마를 사서 깜돌이에게 줘봤지요. 고기를 구워서 주니 냄새가 좋았나 봐요. 깜돌이는 얼른 와서 맛있게 먹었어요. 그런데 웬걸요. 고기만 쏙쏙 골라 먹는 것이 아니겠어요. 몇 번을 줘도 고기만 먹는 거예요. 한이는 안 되겠다 싶어서 일단 방에 들어가 좀 더 고민해보기로 했어요.

거실에 남은 깜돌이는 고기를 맛있게 먹어서 기분이 좋았어요. 그런데 꽁주가 말했지요.

"깜돌아, 너 지금처럼 앞으로도 계속 고기만 골라 먹을 거야?"

"응. 고기가 제일 맛있는걸. 채소는 맛없어. 퉤퉤야."

깜돌이는 고기를 말할 때는 웃는 얼굴이었지만 채소를 말할 때는 찌푸린 얼굴이 되었지요.

"흠." 꽁주는 조금 걱정되는 표정을 지었어요.

한이는 야채를 먹지 않는 깜돌이에게 지금처럼 화식을 계속 줄 수는 없었어요. 다른 방법을 찾을 때까지 좀 더 생각해보기로 했죠. 사료도 먹지 않으니 오늘 저녁 식사는 깜돌이에게 미안하지만 일단 패스하기로 했어요.

"응? 이제 밥시간인데. 왜 한이 형이 고기를 안 주지? 요즘 계속 고기를 주었는데."

깜돌이는 고개를 기우뚱했어요.

꽁주는 밥을 먹으면서 말했어요.

"깜돌아, 그건 네가 고기만 먹었기 때문일 거야."

깜돌이는 이해가 되지 않았어요.

"고기만 먹는 게 어때서? 고기만 맛있는걸. 채소는 맛이 없어."

꽁주는 상냥하게 미소 지으며 말해주었지요.

"그래. 고기가 맛있지. 그런데 살코기만 먹으면 여러 음식을 골고루 먹었을 때보다 건강이 안 좋을 수 있거든. 우리 개의 몸은 다양한 종류의 음식이 필요해. 그래야 힘을 낼 수 있고 몸도 튼튼해지거든. 깜돌이 네가 고기만 먹어서 한이 오빠가 지금 고민 중일 거야. 어떻게 하면 골고루 여러 음식을 먹을 수 있을까 하고 말이야."

깜돌이는 머리로는 이해되었지만 그래도 고기만 먹고 싶었죠. 깜돌이의 표정을 보고 이런 생각을 눈치챈 꽁주는 잠시 생각에 잠겼어요. 그리고 깜돌이에게 할 말이 생각났죠.

"깜돌아, 너 혹시 저번에 한이 오빠가 기다란 원통을 갖고 밖에 나가는 거 본 기억나니? 한 달 전쯤이었던 것 같은데."

"한 달 전에? 음, 아, 그거. 기억나. 특이하게 생긴 물건이어서 그때도 그게 뭔지 궁금했어."

"그때 한이 오빠가 가지고 나간 물건이 바로 '망원경'이라는 거야. 사람들이 밤하늘에 있는 별을 볼 때 사용하는 도구지."

"밤하늘에 있는 걸 보는 데 도구를 사용한다고? 그냥 봐도 밤하늘의 별은 보이는데?"

"응. 별은 맨눈으로도 보이지만 사실 밤하늘에는 맨눈으로 보기 힘든 것도 숨어 있거든. 별들이 모여 있는 '성단'이나 별이 탄생하는 구름인 '성운' 그리고 굉장히 멋진 우주의 섬에 해당하는 '은하' 같은 것들 말이야. 이들을 밤하늘의 물체라고 해서 '천체'라고 부르는데 성단, 성운, 은하는 맨눈으로 보기에는 굉장히 어둡거든. 그래서 망원경이라는 도구를 사용하는 거야. 망원경은 천체에서 오는 빛을 최대한 모아서 이들을 더 밝고 선명하게 볼 수 있게 해주거든."

"와! 신기해. 그런 게 있구나. 그런데 망원경 이야기를 왜 하는 거야. 우리 지금 먹을 거에 대해 말하고 있었잖아."

꽁주는 깜돌이의 초롱초롱한 눈을 보며 말했어요.

"크크, 잠깐만 기다려봐. 깜돌아. 사람들은 망원경으로 이 어두운 천체를 볼 때 그 아름다운 모습을 보고 싶어서 직접 쳐다보려고 해. 그런데 말이야. 신기하게도 이렇게 곧바로 쳐다보면 오히려 잘 보이지 않아."

"보고 싶어서 바로 쳐다보는 건데 잘 보이지 않는다고? 그럼 어떻게 봐야 하는데?"

"보려고 하는 천체 주변을 봐야 해. 이상하지? 그런데 그렇게 살짝 옆을 보면 오히려 보고자 했던 천체가 더 잘 보이거든. 이러한 것을 '주변시'로 본다고 표현해. 대상을 똑바로 보는 것이 아니라 그 주변을 보는 거야. 그러면서도 마음으로는 그 대상에 집중하는 거지. 사람의 눈은 어두운 대상을 볼 때 이처럼 신기하게도 주변시로 더 선명하게 볼 수 있어."

"오! 그것 참 이상하다. 그냥 바로 보게 해주지. 왜 그런 식으로 되어 있지? 어쨌든 사람들은 망원경으로 어두운 천체를 볼 때 주변시를 사용해서 본다는 거지? 그런데 그거랑 먹는 거랑 무슨 상관인데?"

"잘 생각해봐, 깜돌아. 너는 고기가 먹고 싶지. 네가 원하는 건, 네가 먹고 싶은 건 바로 고기야. 그런데 네가 고기에만 집착하면 오히려 한이 오빠는 너에게 고기를 주지 않을 거야. 네가 고기만 먹을 걸 아니까. 그런데 정말

로 고기를 계속 먹고 싶다면 너는 오히려 고기가 아닌 고기 주변에 있는 다른 다양한 음식도 먹어야 해. 네가 주변 음식을 더 잘 먹을수록 그토록 좋아하는 고기를 더 마음껏 먹을 수 있을 거야.

한이 오빠는 네가 고기만 먹어서 오늘 저녁을 주지 않은 거야. 만약 네가 고기뿐만 아니라 골고루 음식을 다 잘 먹는다면 한이 오빠는 네가 좋아하는 고기를 앞으로도 계속 줄 거야. 어때? 마치 주변시 같지 않니? 네가 마음에 품고 있는 고기를 먹고 싶다면 오히려 그 주변의 여러 음식에 더 신경 쓰며 골고루 먹어야 한다는 것이 말이야."

"어? 그러네. 내가 고기 주변의 음식을 더 잘 먹을수록 고기를 오히려 더 잘 먹을 수 있다 그 말이지? 좋아. 그런 거라면 한번 골고루 먹어볼게."

꽁주는 웃으며 말했어요.

"우리 똑똑한 깜돌이. 역시 습득도 빠르구나."

깜돌이는 으쓱하며 말했어요.

"그럼! 난 깜돌이인걸."

다음 날 아침까지 한이는 뾰족한 방법을 찾지 못했어요. 하지만 오늘도 굶길 수는 없다는 생각에 어쩔 수 없이 어제 주려다 만 화식을 깜돌이에게 한번 줘봤어요. 그런데 웬걸! 깜돌이가 고기만 먹는 게 아니라 주변 채소랑 다양한 재료를 같이 잘 먹는 게 아니겠어요! '야호!' 한이는 어찌된 영문인지 몰랐지만 어쨌든 한 걱정 덜게 되었어요. 깜돌이가 잘 먹는 걸 보니 마음도 뿌듯했고요. 그렇게 화식을 시작하고 한이는 화식을 제대로 주려면 지금보다 더 신경 써서 여러 영양소를 잘 챙겨줘야 한다는 것을 알게 되었어요. 어떤 영양소가 부족하면 몸에 이상이 생길 수도 있으니까요. 화식도 여러 공부가 필요했죠.

한이는 완벽하게 화식을 챙기기에는 아직 자신의 지식이 부족하다는 것을 알아서 일단은 인터넷에서 파는 강아지용 화식을 주문했어요. 화식에 대해 좀 더 잘 알게 되기까지는 일단 인터넷에서 파는 강아지용 화식을 주기로 했죠. 그리고 채소를 개가 싫어한다면 고기와 채소를 믹서기로 함께 간 다음에 섞어 주는 방법도 있다는 것을 알게 되었어요. 또한 강아지들마다 그들의 건강 상태에 맞게 음식을 주의해서 줘야 한다는 것도 알 수 있었어요. 신부전이나 췌장염 같은 특정 질병이 있으면 아무리 좋은 음식이라도 독이 될 수 있으니까요. 기름은 특히 더 주의해야 해요.

사료, 화식, 생식 중에 무엇이 아이들에게 좋을지 한이는 더 열심히 공부해보기로 했어요. 어쨌든 목표는 깜돌이와 꽁주가 건강한 음식을 먹을 수 있도록 하는 거예요. 그걸 위해 한이는 오늘도 열심히 강아지 음식을 공부하고 있어요.

3 $E=mc^2$

아무리 작아도
엄청난 에너지가 있다고?

깜돌이가 산책 갔다가 집에 오자마자 헐떡이며 말했어요.

"누나! 꽁주 누나! 오늘 나 산책 갔다가 무슨 일이 있었는지 알아?"

"무슨 일이 있었는데?"

꽁주는 차분히 물어봤어요.

"있잖아. 엄청 작은 강아지를 만났거든. 털은 하얗고 눈은 동그랗고 꼬리도 짧은 아이였는데, 그 아이가 진짜 작았어. 얼마나 작았냐면 내 머리만 한 거야."

깜돌이는 12킬로그램의 중형견이기 때문에 그렇게 작은 개를 만난 것이 신기했어요.

"응, 엄청 작은 강아지였네. 그런데? 왜 무슨 일이 있었어?"

"응, 나는 그 녀석이 작고 귀여워서 얼른 다가갔거든. 그리고 엉덩이 냄새를 맡으려고 했는데, 그때 갑자기 엄청나게 짖는 거야. 나 진짜 깜짝 놀랐어. 내 머리 크기만 한 녀석이 얼마나 사납게 짖는지 너무 놀라서 나도 모르게 뒷걸음질친 거 있지."

"그랬구나. 작아서 마냥 귀여울 줄만 알았나 봐."

"엄청 작은데도 엄청 무서웠어. 휴."

며칠 후 이번에도 깜돌이가 산책을 갔다가 집에 와서 잔뜩 흥분한 채 말했어요.

"누나! 꽁주 누나! 오늘 나 산책 갔다가 진짜 엄청 큰 개를 봤어."

"얼마나 컸는데?"

"내 몸의 두 배 정도 컸어. 나도 작은 편은 아니잖아. 그런데 우와, 어찌나 크던지. 그 개 옆을 지나가는데 나도 모르게 내가 마구 짖고 있는 거 있지."

"응. 상대가 크면 자기도 모르게 위압감을 느끼니까. 아마 너는 자연스럽게 겁이 나서 짖었을지도 몰라."

"응. 사실 좀 무서웠어. 너무 크니까 압도되는 느낌이었거든. 그 개에 비하면 내가 작게 느껴지니까 나도 모르게 겁이 났나 봐."

깜돌이는 조금 시무룩해져서 말했어요.

"누나, 역시 작으면 약한 걸까? 만약 그렇게 큰 개와 내가 싸우게 된다면 나는 꼼짝없이 지겠지?"

꽁주는 깜돌이의 머리를 쓰다듬으며 말했어요.

"깜돌아, 며칠 전에 너의 머리만 한 강아지 만났던 거 기억해?"

"응. 기억하지. 그 녀석 진짜 작았는데 너무 사나워서 무서웠어."

"그렇지. 네가 큰 개를 만났을 때 자기도 모르게 짖었던 것처럼 그 작은 녀석도 굉장히 큰 너를 보고 놀라서 사납게 짖었을지 몰라."

"응. 그럴 수 있겠다. 나도 그랬으니까."

"음. 깜돌아, 만약에 그 작은 개랑 너랑 싸우면 누가 이길 것 같아? 아, 물론 진짜로 싸우라고 이 이야기를 하는 건 아니야. 개들은 싸우면 서로 너무 피해가 크거든. 그러니까 우리는 서로 싸우지 않는 게 베스트야. 하지만 한 번 상상해볼까? 누가 이길까?"

깜돌이는 잠깐 생각하고 대답했어요.

"음. 그래도 내가 더 크니까 내가 이기지 않을까? 내가

지지는 않을 것 같은데."

"그래. 아마도 네가 이길 가능성이 더 크겠지. 확실히 덩치가 크면 힘도 더 셀 테니까. 방어력도 더 강할 테고. 그런데 깜돌아, 단순하게 생각하면 그렇지만 실은 덩치가 다는 아니란다."

"덩치가 다가 아니라고?"

"응. 물론 덩치가 싸움에서는 가장 중요한 부분일 수 있어. 그런데 그게 다는 아니야. 'E=mc²'라는 유명한 식이 있어."

"으잉? 이는 엠씨 스퀘어? 그게 뭐야? 누나. 왜 이상한 말을 하는 거야?"

"들어봐. 이 식에 나오는 기호부터 살펴보자. 'E'는 '에너지'를 의미해. '='은 이 기호 양쪽이 '같다'는 의미이고, 'm'은 '질량', 'c'는 '빛의 속력'을 의미하지. m과 c 사이에는 사실 곱하기가 숨어 있고. 그러니까 풀어서 말하면 '에너지는 질량 곱하기 빛의 속력의 제곱과 같다'라는 말이 돼."

"으악! 엄청 어려워. 에너지는 뭐고, 질량은 뭐고, 빛의 속력은 뭐야. 누나, 우리는 댕댕이야. 정신 차려. 왜 자꾸 이런 이상한 걸 공부하는 거야?"

"하지만 재밌는걸. 처음 들어보는 단어여서 그렇지 어려운 단어는 별로 없어. 깜돌이 너를 위해 최대한 쉽고 간단하게 말해볼게. 정확한 의미는 아닐 수 있지만 강아지인 너에게는 이렇게만 설명해도 괜찮을 거야. 우선 에너지부터 보자. 너는 배가 고프면 움직일 힘이 나니?"

"아니. 당연히 배고프면 힘이 없지. 조금도 움직이기 힘들어."

"그렇지. 그걸 에너지가 없는 상태라고 할 수 있어. 그러면 맛있는 걸 많이 먹었을 때는 어때?"

"당연히 힘이 넘치지. 너무 좋아서 동네 열 바퀴도 돌 수 있을 것 같아!"

"그래. 그걸 에너지가 높은 상태라고 볼 수 있어. 즉 에너지가 없으면 움직일 힘이 없고, 에너지가 많을수록 운동을 더 많이 할 수 있고, 걷기뿐만 아니라 달리기도 할 수 있지. 에너지가 많으면 네가 힘을 쏟을 수 있는 활동을 더 많이 해낼 수 있어. 어때? 쉽지? 이게 에너지야. 어떤 일을 할 수 있게 해주는 능력이 어떤 형태인지는 잘 모르지만 네 안에 저장되어 있는 거지."

"오. 이해가 되는걸."

"그래. 다행이다. 그러면 질량이 뭔지 말해볼까? 1년 전에는 네가 엄청 살쪘잖아. 하도 잘 먹어서 엄청나게 쪘지. 그때 움직이려고 할 때 쉽게 움직일 수 있었니?"

"아니. 몸이 무거워서 움직이기 힘들었어. 그리고 좀 느리게 움직였던 것 같아."

"그래. 지금은 그때에 비하면 많이 날씬하지. 운동도 많이 했으니까. 지금은 어때? 그때에 비해 움직이기 편하니?"

"그때에 비하면 별로 힘을 안 들여도 가볍게 움직일 수 있어. 자리에 앉아 있다가 한이 형이 오면 금방 현관문에 달려 나갈 수 있지. 1년 전에는 한이 형이 와도 그렇게 바로 뛰어나갈 수 없었거든."

"그게 바로 질량 때문이야. 네가 날씬한 상태에서는 질량이 작고, 살이 찐 상태에서는 질량이 크거든. 질량이 작으면 움직임에 변화를 주는 데 힘이 별로 안 들어가지. 질량이 크면 움직임에 변화를 주기 위해 힘을 많이 들여야 해. 예를 들어 네가 정지해 있다가 달리기 시작해 특정 빠르기에 도달하기까지 힘이 적게 든다면 질량이 작은 것이고, 힘이 많이 든다면 질량이 큰 거지.

이처럼 질량은 빠르기를 얼마나 쉽게 변화시킬 수 있는지를 나타내는 개념이라고 할 수 있어. 정확히 질량은 무엇이라고 말하기는 힘들지만 이렇게 힘과 빠르기를 사용해서 질량을 표현할 수 있지.

참, 저번에 말했던 관성도 이 질량과 관련되어 있어. 조금 어렵다면 단순하게 생각해서 무게가 무거우면 질량이 크고, 무게가 가벼우면 질량이 작다고 말할 수도 있어. 정확한 설명은 아니지만 말이야."

"음, 좋아. 무슨 말인지는 모르겠지만 기다리면 누나가 뭔가 정리를 해주겠지. 그럼 빛의 속력은?"

"속력은 빠르기를 의미하는데 'c'는 빛의 빠르기를 말하지. 깜돌아, 넌 네가 달릴 때 빠르다고 생각하니?"

깜돌이는 어깨를 으쓱하며 자신 있게 말했어요.

"당연하지. 얼마나 빠르다고. 내가 제대로 달리면 한이형도 못 따라온다니까."

"그래 넌 빠르지. 그건 나도 알아. 그런데 말이야. 빛은 정말 빠르단다. 아마 대충 말해도 너보다 10,000,000배는 빠를 거야."

"으잉? 2배도 아니고, 10배도 아니고, 1000배도 아니고, 10,000,000배 빠르다고? 그럼 도대체 얼마나 빠른 거야?"

"응, 엄청나게 빠르지. 어떤 물체가 빠를수록 속력은 큰 숫자를 가져. 그런데 아까 식에서 내가 했던 말 기억나? 그냥 'c'가 아니었어. c^2였지. 여기서 오른쪽 위에 있는 숫자 2는 제곱을 말하는데 c를 두 번 곱하라는 의미거든. 안 그래도 커다란 숫자인 c를 두 번 곱하니까 엄청나게 큰 숫자가 나오지."

"헉, 나보다 10,000,000배 빠른데 그걸 다시 곱한다고? 그럼 도대체 얼마나 큰 숫자가 나오는 거야? 어휴. 상상도 안 돼."

"그렇지. 우리는 그냥 c^2이 정말 어마어마하게 큰 숫자라고 생각하는 것으로 충분해. 자, 이제 다 살펴봤어. 정리해보자. '$E=mc^2$'는 '에너지는 질량 곱하기 빛의 빠르기의 제곱과 같다'를 의미했지. 자, 더 쉽게 말하기 위해 아까 말했던 질량의 의미를 다시 간단히 말해볼게.

아까는 질량을 빠르기 변화와 힘과 관련해서 설명했지만 이 식을 볼 때는 질량을 그냥 어떤 물체의 존재 자체라고 생각하는 것이 더 편해. 예를 들어 깜돌이 너의 털 한 가닥 그 존재 자체를 질량이라고 생각해보고, 에너지는 힘을 낼 수 있는 저장고라고 생각해보자. 그리고 빛의 빠르기의 제곱은 그냥 엄청나게 큰 숫자라고 생각해보는 거야. 위 식은 결과적으로 m이 얼마만큼의 E를 갖고 있느냐를 묻는 것이거든. 즉 질량은 얼마만큼의 에너지를 갖고 있느냐를 묻고 있어.

자, 너의 털 한 가닥은 굉장히 작은 존재이지? 즉 굉장히 작은 질량을 갖고 있어. 그런데 이 작은 질량에 빛의 빠르기의 제곱에 해당하는 숫자, 즉 엄청나게 큰 숫자를 곱하는 거야. 그러면 아무리 작은 질량이더라도 곱하면 엄청나게 큰 숫자가 되거든. 이 엄청나게 큰 숫자가 질량이 가진 에너지가 된다는 거야. 아무리 작은 존재라도 엄청나게 큰 힘을 낼 수 있는 가능성을 품고 있다는 의미지.

어때? 신기하지. 이 식에 의하면 너의 작은 털 한 가닥도 사실 엄청나게 큰 에너지를 갖고 있는 거야."

"오. 뭔지 잘은 모르겠지만 내 털 한 가닥도 엄청 대단할 수 있다는 거지?"

"그래. 우리가 매일 아침마다 보는 태양도 이 식에 의해 그렇게 빛날 수 있는 거란다. 아무리 작은 존재라도 엄청나게 큰 에너지를 품고 있기에, 그 존재가 기존과는 다른 모습으로 변하면서 자신이 품고 있던 에너지를 뿜어내면 엄청나게 큰일을 할 수 있거든."

"오. 신기해. 신기해. 어라? 그런데 왜 우리가 이 이야

기를 하고 있었지?"

"잘 봐봐. 우리는 덩치가 작으면 덩치가 큰 누군가에게 위축될 수 있어. 상대가 더 힘이 세기 때문에 겁이 나서 그런 거겠지. 그럴 때는 이렇게 생각해볼 수 있어. 당연히 덩치가 크면 힘도 세서 자기보다 강할 수 있겠지. 하지만 보이는 게 전부가 아니거든.

너 역시 아무리 작아도 'E=mc^2'가 의미하는 것처럼 굉장히 큰 에너지를 갖고 있어. 그 에너지가 어떤 형태인지는 모르지만 말이야. 우리는 단지 보이는 모습에 의해 모든 것이 결정되는 것은 아니거든. 예를 들어 너는 상대방보다 더 영리하게 상황을 파악하고 생각할 수 있는 두뇌 에너지가 있을 수 있어. 너는 힘이 아닌 머리를 써서 상대를 이길 수도 있지. 또는 든든한 지원군을 갖고 있을 수도 있어. 너에게 내가 있는 것처럼 말이야.

음, 내가 하고 싶은 말은 실제로 싸우라는 것이 아니라 단지 덩치만 보고 그것이 전부라고 생각하며 겁을 먹거나 무서워할 필요는 없다는 말이야. 너에게는 상대보다 강한, 너만의 힘이 저장된 어떤 부분이 분명 있을 수 있으니까. 물론 입장을 바꿔서 상대가 작다고 무시하면 안 되겠지. 그에게는 또 그만의 장점이 있을 테니까. 즉 상대가 작다고 또는 크다고 무시하거나 겁먹을 필요는 없는 거야."

"오! 알겠어. 고마워, 꽁주 누나. 그 말을 들으니 왠지 든든한걸."

며칠 후 한이는 깜돌이와 산책을 하다 저번에 본 큰 개를 다시 마주쳤어요. 한이는 이번에도 깜돌이가 날뛰며 짖을까 봐 마음을 졸였죠. 어? 그런데 깜돌이가 생각보다 의젓하게 지나갔어요. 조금 경계하는 것 같았지만 저번처럼 큰 반응을 하지는 않았죠. '신기하네.' 한이는 깜돌이가 기특했어요. 어딘가 성숙해진 느낌이랄까요. 집에 가서 보상으로 맛있는 간식을 줘야겠다고 한이는 생각했어요.

4 음수

양수에 음수를 곱한다고?

오늘은 오랜만에 깜돌이와 꽁주가 같이 산책을 나왔어요. 깜돌이는 신이 나서 빨리 걸었고 꽁주도 깜돌이를 따라 걸어갔죠. 한이는 오늘 강아지들과 공원에 가기로 했어요. 그런데 공원에 가기 위해서는 큰 횡단보도를 건너야 했지요. 마침 한이와 깜돌, 꽁주가 횡단보도에 도착했을 때 신호등이 빨간불로 바뀌어서 한참을 기다려야 했어요.

깜돌이는 얼른 공원에 가서 달리고 싶었죠. 그래서 횡단보도를 건너고 싶어서 몸을 앞으로 기울였어요. 하지만 한이 형이 줄을 당겨서 앞으로 나아갈 수가 없었어요.

"아휴. 형은 왜 꼭 여기서 못 가게 막는 거야. 빨리 가고 싶은데."

깜돌이는 투덜거리며 말했어요. 깜돌이와는 다르게 꽁주는 옆에서 얌전히 기다리고 있었죠. 잠시 후 신호등이 파란불로 바뀌었어요. 줄이 느슨해진 것을 느낀 깜돌이는 얼른 튀어 나갔어요. 그리고 공원에 도착해 신나게 놀았지요.

한이와 깜돌, 꽁주는 산책을 마치고 집에 돌아왔어요. 한이는 개들의 발을 닦아준 후 방으로 들어가 휴식을 취했어요. 마음껏 놀아서 피곤해진 깜돌이도 자기 자리로 돌아가서 폭신한 이불 위에 누웠지요. 꽁주도 깜돌이 옆에 누웠어요. 깜돌이는 몸을 쭉 피며 말했어요.

"아, 정말 재밌었어. 공원은 넓어서 거기서 뛰면 마음이 뻥 뚫리는 것 같아. 그런데 왜 꼭 한이 형은 공원을 바로 앞에 두고 항상 한참 서 있다가 가는 걸까? 얼른 공원에 가고 싶은데 말이야."

꽁주는 웃으며 말했어요.

"그건 공원 앞에 자동차가 다니기 때문이야. 큰 소리를 내는 커다란 물체들 봤지? 그게 자동차거든."

"앗. 알아. 나 산책할 때마다 그 녀석들 때문에 깜짝깜짝 놀란다고. 덩치도 산만 한 것들이 얼마나 빠르게 내 앞을 지나가던지."

"응. 그 자동차들이 지나가는 시간이 필요한 거야. 자동차가 지나가는 시간이 끝나면 이제 한이 형이랑 우리가 지나갈 수 있는 시간이 되는 거지. 그래서 우리는 거기서 기다릴 수밖에 없어."

깜돌이는 황당해하며 말했어요.

"에이, 왜 그렇게 해놨대? 그 녀석들 신경 쓰지 말고 그냥 우리가 계속 지나갈 수 있게 하면 좋잖아? 자동차 녀석들에게 그렇게까지 해줘야 해?"

"음. 깜돌아. 자동차는 사람들에게 꼭 필요한 존재라서 그래. 예전에는 자동차란 것이 없던 때도 있었어. 그때는 모든 길을 사람이 자유롭게 다닐 수 있었지. 하지만 자동차가 생기면서 사람들은 자동차와 함께 살 방법을 찾아야 했어. 자동차는 사람보다 빨리 달려야 해. 그리고 빨리 달리는 자동차는 사람에게 피해를 줄 수 있지. 안전을 위해 사람과 자동차가 서로 만나지 않게 할 필요가 있었어. 그래서 사람만 다닐 수 있는 길이 생겼고, 자동차만 다닐 수 있는 길이 생겼지.

그런데 다니는 길을 서로 완전히 분리시킬 수만은 없었고 때로는 사람이 자동차 길을 건너야 할 필요가 있었어. 그래서 신호등과 횡단보도를 만든 거야. 횡단보도의

신호등이 파란불일 때는 사람이 건너고, 빨간불일 때는 자동차가 움직일 수 있도록 약속한 거야. 이 약속이 지켜져야 사람이 안전하게 다닐 수 있거든. 즉 약속이 지켜져야 사람과 자동차가 공존할 수 있어."

"아, 자동차는 사람에게 필요한 녀석들이구나. 그리고 사람과 자동차가 함께 잘 어울려 살기 위해 신호등이 있는 거고. 그럼 사람의 안전을 위해서, 그리고 우리 댕댕이의 안전을 위해서 난 횡단보도에서 기다려야겠네."

꽁주는 고개를 끄덕였어요. 그러고는 생각에 잠겼지요. 잠시 후 꽁주는 뭔가 떠오른 듯 입을 열었어요.

"깜돌아, 수학에도 비슷한 내용이 있는데 들어볼래? 이건 너도 어느 정도 알고 있는 내용일 거야. 수학에는 '음수'라는 것이 있어. 혹시 음수가 뭔지 아니? 참고로 음수의 반대는 양수야."

깜돌이는 잠깐 생각하더니 답했어요.

"응, 알고 있어. 내가 먹는 간식 개수 셀 때 필요하잖아. 양수는 간식이 3개 있다, 10개 있다 할 때의 3과 10 같은 숫자를 말하는 거지? 이걸 +3, +10으로 표현하고. 반대로 음수는 내가 누나의 간식을 빌려서 먹었을 때 사용하는 수잖아. 누나한테 간식 5개를 빌렸으면 일주일 후

5개를 갚아야 하니까 이건 -5가 되는 거고. 어때 맞지?"

"그래, 그게 양수와 음수지. 역시 잘 알고 있구나."

"흠흠. 먹는 거를 계산하는 데 꼭 필요했으니까. 자주 양수와 음수를 사용해서 익숙하다고."

"그리고 곱하기도 할 줄 알지? 예를 들어 -5에 2를 곱하면 어떻게 되지?"

"음. -5는 누나한테 줄 간식이 5개 있다는 건데 2를 곱한다는 건 -5를 두 번 더하라는 의미니까 (-5)+(-5) = (-10)이야. 즉 (-5)×(2) = (-10)이야. 난 누나한테 간식을 10개 빚지고 있다는 의미지."

"그래 잘했어. 그럼 이번에는 이상한 질문을 해볼까? 2에 -5를 곱하는 건 어때? (2)×(-5)는 얼마일까?"

깜돌이는 살짝 당황했어요.

"2 곱하기 -5? 그건 뭐지? 간식 2개를 -5번 더해? -5번 더한다는 게 무슨 의미지? 와, 이건 모르겠어."

꽁주는 그건 모르는 게 당연하다는 듯 말했어요.

"2에 -5를 곱한다는 건 상식적으로 생각해도 참 이상한 말이지. 양수에 음수를 곱한다는 건 이상해. 하지만 이상한 게 당연한 거야. 양수의 세계에 음수가 끼어들면서 생긴 일이니까. 자, 차근차근 살펴보자. 양수에 음수를 곱하는 것을 설명하는 방법에는 여러 가지가 있어. 그중 하나를 알아보자. 원래 양수만 있던 세계가 있었어. 양수의 세계에서 2×5 = 10이야. 2를 5번 더하는 거니까. 그럼 숫자 순서를 바꾼 5×2는 얼마지? 5를 2번 더하는 거니까 이것도 마찬가지로 10이 돼. 이로써 우리는 양수의 세계에서는 곱하는 숫자들의 순서를 바꿔도 계산 결과가 같다는 것을 알 수 있어. 2×5 = 5×2 = 10이지. 이것을 '교환법칙'이 성립한다고 표현해. 즉 양수의 세계는 곱의 교환법칙이 성립하는 세계야."

꽁주는 지금부터가 재밌어진다는 표정을 지으며 말을 이어갔어요.

"그런데 어느 날 양수의 세계에 음수가 나타났어. '양수'가 사람들이라면 '음수'는 자동차에 해당한다고 할 수 있지. 음수 -5에 양수 2를 곱하면 네가 아까 말한 대로 (-5)를 2번 더하는 거니까 (-10)이 돼. 즉 (-5)×2 = (-10)이지. 그런데 문제는 2에 음수 (-5)를 곱하는 거였지. 도대체 음수를 곱한다는 건 무슨 의미일까? 이 의미는 생각하면 알아낼 수도 있겠지만 중요한 건 의미가 아니야.

음수는 양수의 세계에 끼어들었어. 깜돌아, 자동차가

사람이 사는 세계에 끼어들었을 때 가장 중요한 게 뭐였지? 그래. 길을 다닐 때 사람의 안전을 보장해야 한다는 것이 가장 중요한 원칙이었어. 사람끼리 다닐 때는 언제나 그 원칙이 지켜졌으니까. 자동차가 사람 세계에 들어가더라도 이 원칙은 여전히 지켜져야 하는 거지. 그래야 사람과 자동차가 잘 어우러져 살 수 있거든.

그럼 다시 양수의 세계를 보자. 아까 양수의 세계에서 지켜지던 법칙이 뭐였지? 그래. 양수의 세계는 곱의 교환법칙이 성립하는 세계였지. 양수의 세계에 끼어든 음수가 양수와 조화롭게 살기 위해서는 이미 있던 세계의 법칙을 여전히 유지할 필요가 있어. 그러므로 음수가 들어가더라도 곱의 교환법칙은 여전히 성립하도록 하자고 약속한 거야. 그럼 $(-5) \times 2 = (-10)$이었으므로 곱의 교환법칙에 의해 $2 \times (-5)$도 같은 값인 (-10)이 되는 거야. 즉 $(-5) \times 2 = 2 \times (-5) = (-10)$이지. 이렇게 하면 음수가 들어가도 교환법칙이 성립하게 되지. 이로써 음수가 양수의 세계에 들어갔을 때 기존 양수 세계의 법칙을 깨트리지 않으면서 양수와 음수가 공존하는 세계가 만들어지는 거야."

깜돌이는 흥미로워하며 말했어요.

"수학의 세계도 어떻게 보면 우리가 사는 세계와 다를 게 없네? 사람과 자동차가 공존하는 세계와 양수와 음수가 공존하는 세계가 만들어지고 유지되는 방식이 비슷하니까."

꽁주는 깜돌이가 대견하다고 생각하며 말했어요.

"그래. 어떤 세계는 새로운 존재를 받아들일 때, 기존 세계와 모순되지 않는 일관성을 유지할 수 있다면 그 새로운 존재를 포함하는 더 넓은 세계로 확장될 수 있어. 그래서 우리 댕댕이들도 사람과 함께 공존하기 위해서 서로 간의 에티켓을 지킬 필요가 있단다. 그래야 개도 사람도 함께 잘 살 수 있으니까."

일주일 후 한이는 다시 깜돌이와 꽁주를 데리고 공원을 찾았어요. 그런데 평소라면 횡단보도에서 열심히 앞으로 가려고 힘을 주고 있을 깜돌이가 오늘은 그러지 않네요. 몇 번 와보더니 기다리는 게 익숙해져서 그런가 보다 하고 한이는 생각했어요. 산책을 할수록 밖에서 개들이 어떻게 행동해야 하는지를 스스로 학습해나간다는 것이 신기했지요. 오늘은 공원에서 더 많이 오래 놀아줘야겠다고 한이는 생각했어요.

5 도시의 별

**사실
별이 많다고?**

한이는 집에서 차로 30분 거리에 있는 장소에서 열리는 애견 축제에 가려고 준비 중이에요. 개들과 반려인들을 위한 다양한 이벤트가 있다고 해서 한 달 전부터 기대하고 있었죠. 한이는 깜돌이와 꽁주에게 예쁜 옷을 입히고 간식과 배변 봉투 그리고 물통과 종이컵을 가방에 넣었어요. 집에서 나와 강아지들을 차 뒤에 태우고 천천히 운전했죠.

"누나, 우리 오랜만에 차를 타는 것 같지? 오늘은 어디를 가는데 한이 형이 저렇게 신이 났을까?"

"그러게. 한이 오빠가 굉장히 들떠 보이네. 분명 어딘가 좋은 곳에 가는 것 같은데."

"그런 것 같지? 나도 엄청 기대돼!"

한이는 축제 장소에 도착했어요. 개들의 줄을 단단히 채운 후 가방을 메고 주차장에서 나와 축제가 열리는 입구에 들어섰죠.

"우와! 누나, 이게 뭐야. 댕댕이들이 엄청나게 많아. 와, 나 이렇게 개들이 많은 건 처음 봐. 사람들도 엄청 많고!"

꽁주도 덩달아 놀라며 말했어요.

"와! 깜돌아, 정말 많다. 게다가 개들이 다 다르게 생겼어. 와! 저 개는 진짜 특이하게 생겼다. 와! 저 개는 무슨 늑대처럼 생겼어."

평소 차분한 편이던 꽁주도 흥분을 감출 수 없었죠. 안으로 들어가자 그곳에는 입구에서 봤던 개들보다 훨씬 많은 개들이 있었어요. 한이도 이런 곳은 처음 와서 굉장히 놀라고 있었어요. 그런데 신기하게도 개들이 처음 만나고도 짖거나 하는 경우가 많지 않았어요. 아마 개가 너무 많다 보니 서로 경계하기보다는 구경하는 데 더 관심이 갔나 봐요.

어느 정도 축제를 둘러보자 재밌는 강아지 옷 콘테스트가 시작된다는 방송이 나왔어요. 한이는 참여하지 않았지만 궁금해서 개들을 데리고 행사장으로 갔어요. 콘테스트는 개에게 얼마나 창의적이고 재미있게 옷을 입혔

는지를 겨루는 대회였어요. 곰처럼 보이는 옷을 입힌 개, 신부 옷을 입은 개, 누구나 아는 만화 캐릭터로 변장한 개, 과일 옷을 입은 개 등등 아이디어 넘치는 옷들이 많았어요. 귀여운 옷을 입은 개들이 등장할 때마다 사람들은 크게 웃었죠.

축제를 즐긴 후 한이는 깜돌이와 꽁주를 차 뒷좌석에 태우고 집으로 출발했어요. 깜돌이는 자리에 앉아 꽁주에게 말했어요.

"와! 누나. 나는 나랑 누나 그리고 가끔 산책할 때 만나는 몇몇 개가 이 세상 개의 전부라고 생각했는데 그게 아니었어. 게다가 같은 개라도 정말 종류가 다양하더라. 생긴 게 다 달랐어."

"그러게. 나도 놀랐어. 너무 신기하다. 이 도시에는 정말 많은 개들이 있었구나."

꽁주는 잠시 생각하더니 말했어요.

"아, 마치 도시 밤하늘의 별 같아."

"별? 밤하늘에 반짝거리는 점 같은 거 말하는 거야? 그런데 도시에는 별이 거의 없잖아. 어젯밤 산책할 때도 한두 개밖에 안 보이던걸."

"응, 도시에는 별이 거의 없지. 하지만 사실 도시의 밤하늘에도 수많은 별들이 떠 있어. 우리가 못 볼 뿐이지. 깜돌아, 우리 어렸을 때 살던 곳에서는 별들이 많이 보였잖아? 원래 그만큼 도시의 밤하늘에도 별들은 떠 있어."

 깜돌이와 꽁주는 세 살 때까지 도시의 변두리에서 살았어요.

"진짜? 도시의 밤하늘에도 별이 많다고? 그럼 왜 거의 보이지 않는 거야?"

"도시에서는 별들이 잘 보이지 않게 만드는 요소들이 있는데 그중 하나가 도시의 밤이 너무 밝다는 거야. 우리가 밤에 산책할 때 어디를 가나 불빛이 있던 거 기억하지? 밤에 깜깜하지 말라고 도시에서는 밤에도 인공조명을 켜놓거든. 밤하늘의 별은 밤에 불빛 없이 깜깜할수록 잘 보이는데 도시는 너무 밝아서 하늘에도 영향을 끼치거든. 그래서 보여야 할 별이 잘 보이지 않는 거지."

"그렇구나. 보이지 않을 뿐이지 사실 도시의 밤하늘에도 많은 별들이 여전히 떠 있구나. 보이는 게 전부가 아니네."

"그래, 도시의 사람들은 어느새 별이 보이지 않는 밤하늘에 익숙해졌을 거야. 우리가 어렸을 때 밤하늘에 별들이 많이 보이니까 정말 예뻤잖아. 그렇게 예쁜 별들이 실

제로는 밤하늘에 있는데 볼 수 없다는 게 많이 아쉬워. 우리도 우리 말고 개들이 이렇게 많은 줄 몰랐잖아? 그런데 오늘 축제에서 많은 개들를 봤고 그러니까 정말 좋았어."

"맞아. 정말 좋았어. 뭐랄까. 덜 외롭고 마음도 넓어지는 것 같았어. 흠, 그럼 도시에서는 역시 별을 볼 수 없는 거야?"

"많은 별들을 보고 싶으면 도시에서 벗어나 인공 불빛이 거의 없는 시골에 가는 게 좋지만 도시에서도 쌍안경이나 망원경을 사용하면 그래도 많은 별들을 볼 수 있어. 이들은 어두운 빛을 모아서 밝게 볼 수 있게 해주기 때문에 맨눈으로 보이지 않는 별들도 볼 수 있게 해주거든."

"아, 저번에 한이 형이 손질하던 큰 눈 두 개가 달린 물건이랑 기다란 원통 모양의 물건을 말하는 거지?"

"응, 맞아. 참 깜돌아, 그런데 신기하게도 도시에서 밝게 빛나는 별을 망원경으로 보면 별이 아닌 경우가 더 많아."

깜돌이의 눈이 커지며 말했어요.

"으잉? 별이 아니라고? 별이 아니면 뭔데?"

"도시에서 정말 밝게 보이는 별은 물론 별일 수도 있지만 별이 아닌 '행성'일 가능성이 더 높아."

"행성?"

"행성은 지구처럼 태양 주위를 도는 천체인데 도시에서는 금성, 화성, 목성, 토성이 눈에 띄지. 별인 줄 알던 것을 실제로 망원경으로 보면 행성의 모습이 보여. 특히 목성과 토성은 아주 멋진 모습이지."

"오! 신기하다. 별이 아닌 것들도 밤하늘에 있다니! 그럼 도시에서도 목성과 토성을 볼 수 있다는 거지? 대단한데. 나중에 한이 형한테 보여달라고 해볼까?"

꽁주는 웃으며 말했어요.

"네가 얌전히 있다면 가능하겠지만 아마 한이 오빠가 널 잡아서 들어올리면 넌 또 금방 땅에 내려오고 싶어 할 걸?"

"맞아. 난 역시 땅에 두 발이 놓여 있어야 편해."

집에 도착한 한이는 아이들에게 먹을 것을 준 후 피곤한지 침대에 누웠어요. 깜돌이랑 꽁주도 오늘 특별한 경험을 해서 많이 피곤 했을 거예요. 그래도 가끔 이렇게 일상에서 벗어나는 경험이 필요한 것 같아요. 한이는 또 어떤 특별한 곳에 개들을 데리고 가볼까 하는 행복한 고민을 했어요.

6 작용 반작용

땅이
나를 민다고?

이번 겨울은 굉장히 추웠어요. 며칠 전에 비가 오자 길 곳곳에 물이 얼어서 빙판길이 되었죠. 한이는 개들과 산책하기 전에 따뜻한 겨울옷을 입혀주었어요. 개들은 털이 있지만 너무 추우면 털만으로는 부족하거든요. 옷을 입은 깜돌이는 귀여움도 두 배가 되었지요.

깜돌이는 밖에서 신나게 뛰다가 자기도 모르게 빙판길 위에 올라가게 되었어요. 발을 허우적거렸지만 미끄러워서 앞으로 잘 움직일 수가 없었죠. 한이는 깜돌이를 살짝 들어 올려서 다시 땅 위에 올려주었어요. 그제야 깜돌이는 자기 세상을 만난 듯 다시 땅 위의 냄새를 맡으며 앞으로 걸어갔어요.

집에 돌아온 깜돌이는 오늘 있었던 일을 꽁주에게 말했어요.

"누나, 오늘 길에 얼음이 꽁꽁 얼어서 굉장히 미끄러워. 나가면 조심해서 걸어."

"그래, 고마워. 깜돌아."

깜돌이 다음으로 산책을 나간 꽁주는 신선한 공기를 마시며 동네를 천천히 걸었어요. 그렇게 걷다가 빙판길을 만났죠. 꽁주는 잠시 멈칫하더니 뭔가 시험해볼 것이 있다는 듯이 일부러 빙판 위에 살며시 올라갔어요. 그리고 발을 뒤로 밀면서 앞으로 가려고 애썼지만 잘되지 않았죠. 꽁주는 역시 그렇구나 하고 생각하며 만족한 듯한 표정으로 살살 움직이며 빙판길에서 벗어나 다시 땅 위로 올라왔어요.

집에 돌아온 꽁주는 깜돌이에게 말했어요.

"깜돌아, 내가 아까 일부러 빙판길에 올라가봤거든?"

깜돌이는 의아해하며 말했어요.

"으잉? 내가 빙판길 미끄러우니까 조심하라고 했는데 거길 일부러 올라갔다고? 도대체 왜?"

꽁주는 살짝 웃으며 말했어요.

"시험해보고 싶은 게 있었거든. 예전에 우리 관성에 대해 이야기하던서 마찰에 대해 말했던 거 기억나니?"

"응, 기억하지. 마찰력은 물체와 바닥의 접촉면에서 발생해. 물체가 어떤 빠르기로 이동할 때, 그 이동 방향에 반대쪽으로 작용하는 힘이고. 그래서 이동을 방해해서 점점 물체의 빠르기는 줄고 결국 멈추게 돼. 원래는 관성 때문에 물체는 아무것도 안 해도 그 빠르기로 계속 이동할 수 있지만 마찰에 방해를 받게 돼. 결국 마찰력은 이동을 방해하는 힘인 거지. 그래서 마찰이 약한 빙판길에서는 빠르기가 거의 줄지 않는 거고."

"맞아. 잘 기억하고 있구나"

깜돌이는 그걸 기억하는 자신이 스스로 대견했어요.

"그런데 깜돌아, 분명 아무것도 안 하면서 그저 어떤 방향으로 움직이고 있는 물체에게는 마찰력이 그 이동을 방해하는 힘이 맞아. 그런데 정말 그게 다일까? 음, 생각을 쉽게 하기 위해 움직이는 물체가 아니라 정지해 있는 물체를 한번 살펴볼까? 예를 들어 깜돌이 네가 빙판길 위에 정지해 있다고 해보자. 그때 네가 앞으로 움직이기 위해 발로 땅을 뒤로 밀었을 때 너는 어떻게 됐지?"

"어떻게 되긴. 오늘 해보니까 미끄러워서 발만 허우적거리다가 결국 앞으로 잘 걸을 수가 없어서 한이 형이 도

와줬지."

"그렇지. 그런데 땅 위에서는 정지해 있다가 발로 땅을 뒤로 밀면 우린 쉽게 앞으로 걸어갈 수 있잖아. 그럼 정지해 있는 물체가 앞으로 움직이려고 할 때 마찰이 약한 빙판길에서는 움직이기 힘들고 마찰이 강한 땅 위에서는 쉽게 움직일 수 있는 거네. 결국 이때는 마찰이 잘 일어날수록 이동이 쉬워진다고 할 수 있어. 그렇지?"

"어? 그러네. 뭐지? 마찰력은 무조건 방해하는 힘 아니었어?"

"어떤 때는 마찰이 운동을 방해하고 또 어떤 때는 마찰이 운동을 도울 수도 있나 보다. 그치? 좀 더 알아보자. 너는 앞으로 걸으려고 할 때 발로 땅을 뒤로 밀지?"

"응. 뒤로 세게 밀수록 더 강하게 앞으로 나아갈 수 있어."

"그런데 이상하지 않아? 너는 분명 힘을 뒤로 줬는데 왜 몸은 앞으로 나아갈까?"

"응? 잠깐만. 그건 한 번도 생각해본 적 없는데. 어라? 정말 이상하다. 왜 뒤로 밀었는데 앞으로 가지?"

"놀라지 말고 들어봐. 그건 사실 땅이 너를 앞으로 밀어서 그래."

"엥? 땅이 나를 앞으로 민다고? 거짓말. 땅이 무슨 살아 있는 것도 아닌데 나를 어떻게 밀어. 말도 안 돼."

꽁주는 당연한 반응이라는 듯이 고개를 끄덕이며 말을 이어나갔어요.

"그래 이상하지. 하지만 깜돌아, 네가 땅을 밀면 정말로 땅도 너를 밀어. 깜돌이 네가 땅을 뒤로 미는 작용을 하면, 이에 대한 반작용으로 땅도 너를 밀게 돼. 네가 땅을 민 힘과 같은 크기의 힘으로 땅은 너를 밀지. 방향은 정반대이고 말이야. 힘은 이처럼 항상 쌍으로 작용해. 이것을 물리학에서는 '작용 반작용의 법칙'이라고 부르지. 여기서 중요한 것은 너는 땅에게 힘을 작용시키는 거고, 땅은 너에게 같은 힘을 반대 방향으로 작용시킨다는 점이야."

"땅이 나를 민다니. 그건 생각도 못 했어. 그럼 땅이 나를 앞으로 밀어서 내가 앞으로 걸어갈 수 있는 거네."

"그래. 정말 신기하지. 그런데 이처럼 우리가 땅을 뒤로 밀어야 땅이 우리를 앞으로 밀어서 나아갈 수 있다면, 미끄러운 빙판에서는 당연히 앞으로 나아가기 힘들겠지. 미끄러워서 바닥을 뒤로 밀기 힘드니까. 그런데 표면이 거친 땅은 뒤로 밀기 쉽지. 그래서 우리는 땅으로부터 쉽게 앞으로 나아갈 힘을 받을 수 있어. 즉 마찰이 약하게 일어나는 표면에서는 나아가는 힘을 받기 어렵고, 마찰이 강하게 일어나는 표면에서는 나아가는 힘을 받기 쉬운 거지."

깜돌이는 여러 번 고개를 끄덕이며 말했어요.

"오! 조금은 알 것 같아."

"자. 그러면 우리는 작용 반작용의 법칙을 통해 정리를 할 수 있을 것 같아. 먼저 마찰이 운동을 방해하는 경우부터 살펴보자. 아무것도 안하면서 어떤 빠르기를 가지고 미끄러지듯 땅 위를 이동하고 있는 네모난 상자가 있다고 해보자. 이 상자는 이동할 때 바닥과의 접촉면에서 바닥을 자신의 이동 방향으로 끌어당기려고 하고 있어. 이런 힘을 받은 바닥은 반작용으로 상자가 나아가는 방향에 반대되는 쪽으로 힘을 주게 돼. 그래서 이동 방향과 반대 방향으로 힘을 받게 된 상자는 빠르기가 점점 줄어들게 되고 결국 멈추게 되지."

꽁주는 잠시 생각을 정리하고 말을 이어나갔어요.

"이번에는 마찰이 운동을 도와주는 경우를 살펴보자. 만약 썰매를 타고 이동하던 사람이 더 빨리 이동하려면 나무막대 같은 것을 이용해서 미끄러운 땅을 뒤로 밀 거야. 나무와 얼음의 접촉면에서는 마찰이 잘 일어나니까 나무를 사용하는 거지. 나무막대로 땅을 뒤로 밀면 땅은 나무막대를 앞으로 밀게 되는데 이 힘은 나무막대를 가진 사람에게 전달되고 사람이 앉아 있는 썰매에도 전달돼서 결국 썰매를 앞으로 더 빠르게 이동시키는 거지. 즉 이때의 마찰은 물체의 빠르기를 높이는 데 도움을 준 셈이야. 마찬가지로 우리가 발로 땅을 밀어 달릴 수 있는 것도 땅과 우리 발바닥의 접촉면에서 생기는 마찰 덕분인 거지."

깜돌이는 어떨 때는 마찰이 물체의 관성을 방해해서 물체의 빠르기를 줄게 하고, 또 어떨 때는 마찰로 추진력을 받아 물체가 더 빠르게 이동할 수 있다는 사실이 신기했어요.

"오! 꽁주 누나. 나 완벽하게는 이해하지 못했지만 그래도 누나가 왜 이런 것들을 공부하는지 조금은 알 것 같아. 뭔가 『이상한 나라의 앨리스』처럼, 아니 판타지 소설처럼 과학에는 신기한 일들이 많은 것 같아."

꽁주는 깜돌이가 이런 말을 해줘서 무척 기뻤어요. 그래요. 과학에는, 아니 세상에는 신기한 것들이 잔뜩 숨어 있어요. 숨겨진 마법 같은 것들을 과학은 이해할 수 있는 형태로 드러내주죠. 그러니 재밌을 수밖에요!

참고로 말씀드리면 겨울에 눈이 많이 내릴 때는 아파트나 길거리에 염화칼슘이 많이 뿌려져 있어요. 개들이 겨울에 산책하다가 가끔 잘 걷지 못하고 앞발 중 하나를 들어올릴 때가 있는데 이건 발이 추워서 그러는 게 아니라 염화칼슘을 밟아 아파하는 것일 가능성이 커요. 그러니 겨울에는 바닥에 염화칼슘이 없는 산책 코스를 선택해야 해요. 한이도 겨울에 눈이 많이 쌓였을 때는 잔뜩 주의해서 개들과 산책을 한답니다.

7 무한

유한 안에 무한이 들어 있다고?

오늘은 한이가 깜돌이와 꽁주를 위해 특별한 간식을 만들었어요. 달달한 고구마와 생선을 동글동글하게 뭉쳐 먹기 편하게 만들었지요. 깜돌이는 조류 알레르기가 있어서 식단에 신경을 써야 했어요. 생선이 깜돌이에게 맞는 단백질이었죠.

달콤하고 고소한 냄새를 맡은 깜돌이와 꽁주는 아직 음식을 주지도 않았는데 식탁 밑으로 다가와서 고개를 들고 기다리고 있었어요. 어서 달라는 표정이었죠. 한이는 개들의 밥그릇에 간식을 가득 담아서 바닥에 놓아주었어요. 깜돌이와 꽁주는 순식간에 간식을 다 먹어버렸어요. 그러고는 또 한이를 쳐다보며 더 달라는 표정을 지었죠. 하지만 한이는 "다음에 더 줄게. 오늘은 여기까지"

라고 말하며 식탁을 정리했어요. 간식을 더 안 준다는 것을 깨달은 깜돌이와 꽁주는 자기 자리로 돌아갔죠.

"꽁주 누나, 오늘 간식 진짜 맛있었어. 그치? 아, 고구마는 왜 이렇게 맛있는 거야. 단맛이 정말 좋아!"

"응. 정말 맛있었어. 한이 오빠가 주는 간식은 역시 최고야."

깜돌이는 기분이 좋았지만 조금 아쉬워하며 말했어요.

"아, 맛있는데. 더 먹고 싶다. 아, 내 밥그릇은 왜 이렇게 작은 거야. 밥그릇이 엄청 커다랗든지 밥그릇에 간식이 무한정 들어가면 좋겠다. 헤헤. 먹어도 먹어도 계속 먹을 수 있게."

꽁주는 웃으며 말했어요.

"깜돌이답다. 그런 밥그릇이 있으면 참 좋겠네. 맛있는 간식을 매일 배부르게 먹을 수 있고 말이야."

"그치? 생각만 해도 좋다."

꽁주는 자기도 모르게 "아!" 하고 말하고는 눈이 초롱초롱해지며 깜돌이에게 말했어요.

"깜돌아, 네가 말한 그런 밥그릇이 수학에 있어! 잠깐만 기다려봐."

꽁주는 자리에서 일어나더니 한이 오빠 책상으로 가서

연필통에 꼽혀 있던 기다란 자를 물고 왔어요. 꽁주는 깜돌이 앞에 자를 놓으며 말했어요.

"이거야."

깜돌이는 자를 이리저리 살펴본 후 말했어요.

"에이, 이건 그냥 막대기잖아. 여기에 어떻게 간식이 무한히 들어가. 말도 안 돼."

"진짜로 간식을 넣는다는 말은 아니야. 우리가 찾던 건 무한한 간식이 들어 있는 유한한 공간을 가진 밥그릇이었지. 수학적으로 이것과 비슷한 개념을 가진 존재가 바로 이 '자'라고 할 수 있어."

"으잉? 보기에는 그냥 평범한데?"

"깜돌아, 자를 잘 봐봐. 눈금이랑 숫자들이 있지?"

"큰 눈금에 숫자가 적혀 있어. 0, 1, 2, 3 ⋯ 9, 10까지."

"그럼, 0과 1 사이에는 작은 눈금이 몇 개 들어 있어?"

"작은 눈금이 10개 들어 있어."

"잠깐 상상해보자. 만약에 간식 1개가 있는데 이걸 개 10마리가 나눠 먹으려고 한다고 해보자. 그럼 한 마리당 간식을 얼마나 먹을 수 있지? 숫자로 나타내볼래?"

"나눠 먹는 건 나눗셈을 사용하면 되니까 1을 10으로 나누면 $1/10=0.1$이 돼."

"그렇지. 잘했어. 그럼 0 바로 옆에 있는 작은 눈금이 0.1에 해당하겠네. 자, 지금부터는 마음의 눈으로 이 자를 들여다보자. 0.1을 다시 10으로 나누면 어떨까?"

"음 0.1/10은 0.01인데 자에 눈금으로 보이지는 않지만 그래도 여기쯤 있겠다."

"그래. 맞아. 한 번 더 해볼까? 0.01을 다시 10으로 나누면?"

"0.01/10=0.001이니까. 에고, 이젠 진짜 눈으로는 위치를 못 찾겠어. 하지만 그래도 이쯤에 있겠다고 상상은 할 수 있어."

"그럼 여기서 퀴즈!! 우리가 방금 했던 10으로 나누는 작업을 언제까지 할 수 있을까?"

"언제까지? 음, 뭐 딱히 막는 것도 없으니까 끝없이 계속할 수 있을 것 같은데?"

"그렇지. 그럼 0과 1 사이에 0.1도 있고 0.01도 있고 0.001도 있고, 0.000000001도 있고, 0.000000000000000001도 있는 거네. 그리고 이렇게 계속하면 수들이 끝없이 나오므로 눈에 보이는 0과 1 사이, 자의 유한한 길이 안에 무한한 숫자들이 들어 있다고 할 수 있겠다. 그치?"

'어라?' 정말 그래서 깜돌이는 이게 뭐지 싶었어요.

"깜돌아, 방금 예로써 10으로 나누었을 때 나오는 숫자만 생각했지만 사실 0과 1 사이에는 0.35도 있을 거고 0.782도 있을 거야. 0과 1 사이에서 네가 떠올릴 수 있는 숫자는 무한히 많지. 자, 이렇게 우리는 0과 1이라는 두 숫자 사이의 유한한 공간에 무한히 많은 숫자들이 있다는 것을 알았어. 어때? 마치 한정된 공간을 갖는 밥그릇에 무한히 많은 간식이 담긴 것과 같지?"

"어. 그렇네. 뭔가 신기하다."

꽁주는 좀 더 나아가도 괜찮겠다 생각하고 입을 열었어요.

"그런데 이것만큼 신기한 게 또 있어. 간식 1개를 개 3마리가 나눠 먹으면 숫자로는 어떻게 되지?"

"1/3=0.33333⋯. 나눗셈이 딱 안 떨어지고 3이 계속 이어져."

"그래. 어쨌든 우리는 완벽하게 간식 1개를 3등분할 수 있었다고 가정해보자. 그러면 동일한 크기를 가진 간식 3개를 얻겠지. 이 3개 중 한 개는 분명 어떤 딱 떨어지는 유한한 양을 가진 존재야. 그렇지? 그런데 원래의 간식 크기와 비교해서 구해진 숫자는 딱 떨어지는 숫자가 아닌 3이 무한히 이어지는 0.33333…이라는 숫자를 얻지. 뭔가 이상하지 않니?"

"이상해. 이상해도 너무 이상해!"

"그래, 이상하지. 그게 당연해. 그래도 조금 더 생각해보자. 일단 3등분된 간식은 어쨌든 유한한 양을 가지니까, 비록 숫자로는 3이 끝없이 이어지지만 이것 자체를 어떤 유한한 것으로 여겨보자. 3이 계속 이어지는 상태가 아니라 무한한 3들이 통째로 갖추어진, 그래서 이미 완료된 상태로 여기는 거지. 말이 좀 어렵니?

다시 말해서 무한히 많은 3들을 통째로 포용해서 하나의 유한성을 갖는 존재로 생각해보는 거야. 아까 자에서 무한히 많은 숫자가 유한한 숫자 사이의 공간 안에 포용될 수 있었던 것처럼 말이야. 이처럼 하나의 숫자 자체도 무한성을 가질 수 있지만 시점을 달리함으로써 그 무한성을 유한성으로 포용할 수가 있어. 이것을 '무한의 유한화'라고 부를 수 있겠다."

꽁주는 이불을 껴안으며 말을 이어갔어요.

"깜돌아, 진짜 이상하지? 괜찮아. 우리는 이 이상함을 포용하는 거야. 그러면 수학이 더 재밌어져. 상식적인 생각에서 벗어나는 방법을 수학은 가르쳐주거든. 이왕 한 김에 좀 더 해볼까?

원의 둘레 길이를 원의 지름으로 나누면 이때도 무한히 이어지는 숫자를 얻게 돼. 3.141592…로 이번에는 같은 숫자가 아니라 숫자가 바뀌면서 나오지. 하지만 이것도 마찬가지야. 원의 둘레를 원의 지름으로 나눠서 얻게 되는 값을 어떤 실체를 갖는 유한한 존재라고 여기면 이런 식으로 무한히 이어지는 숫자도 유한한, 이미 그 자체로 무한이 완성되어진 숫자로 생각할 수 있지. 우리는 이렇게 유한한 개념으로 파악한 이 숫자를 '파이'라고 부르고 있어. 또 다른 예로 제곱을 해서 2가 되는 숫자도 1.414213…로 무한히 이어지지만 이 또한 유한한 존재로 여기면서 루트2라고 부르지. 이 밖에도 많은 예들이 있고."

꽁주는 신이 나서 말하다가 깜돌이의 벌어진 입을 보고 오늘은 여기까지만 해야겠다고 생각했어요.

"깜돌아, 미안. 말하다 보니 내가 오버페이스를 했네. 수학에서 무한은 정말 신비롭거든. 어쨌든 오늘은 여기까지 하자."

깜돌이는 뭔가 어렵긴 했지만 그래도 하나는 알 수 있었어요. 무한히 많은 간식이 유한한 공간을 가진 밥그릇

안에 들어갈 수 있는 세계가 있을 수 있다는 점을요. 깜돌이는 맛있는 간식을 마음껏 먹을 수 있는 세계를 상상하며 행복한 단잠에 빠져들었어요.

8 별자리

별자리가 사실은
밤하늘의 지도라고?

　　　　　　오늘 한이는 약속이 있어서 꽤 오랫동안 외출을 해야 했어요. 한이는 깜돌이와 꽁주가 많이 심심할 거라고 생각했죠. 아! 한이는 재밌는 생각이 떠올랐어요. 한이는 일단 강아지들을 방으로 불렀어요. 그리고 잠깐 문을 닫은 후 거실로 나가서 구석구석에 간식을 놓기 시작했어요. 몇몇 간식은 바로 보이게 놓았고 대부분의 간식은 잘 보이지 않는 곳에 숨겨놓았죠. 개들의 이불 안에도 잘 숨겨두었어요. 한이는 속으로 웃으면서 방문을 열었고 개들은 얼른 거실로 나왔지요. 일부러 바로 보이게 놓아둔 간식은 개들이 보자마자 먹어버렸어요. 한이는 됐다고 생각하며 외출을 했어요.

"누나, 우리는 방에 있어서 못 봤지만 한이 형이 아까 거실에서 뭔가를 했던 것 같아."

꽁주가 웃으며 말했어요.

"한이 오빠가 거실에 간식들을 숨겨놓은 것 같아. 아까 우리가 방에서 나오자마자 간식 몇 개가 바닥에 있었잖아? 예전에도 한이 오빠가 이런 식으로 해놓았을 때 거실 이곳저곳에 간식이 있었어."

"오! 그럼 보물찾기 놀이인가? 아니, 간식 찾기 타임이지. 좋아. 누나보다 내가 더 많이 찾아야지."

"나도 지지 않을 거야. 좋아. 시작해볼까?"

깜돌이와 꽁주는 열심히 간식을 찾으러 다녔어요. 잘 보이는 곳에 놓인 간식은 비교적 쉽게 찾을 수 있었지요. 하지만 이불 안의 것은 잘 찾지 못했어요. 아이들은 대부분의 간식을 찾아 맛있게 먹었지만 아직 찾지 못한 간식들도 있었죠.

깜돌이는 냄새를 맡으려고 코를 킁킁거리며 말했어요.

"아, 거의 다 찾은 것 같은데. 아닌가? 아직 남았나? 아이참, 우리는 냄새가 바람에 실려 오지 않으면 음식을 찾기 힘들다고. 집 안은 바람이 안 부니까 숨긴 걸 찾기 힘드네. 이럴 때는 간식이 숨은 위치를 보여주는 지도가 있으면 좋겠다. 보물지도처럼 말이야. 그럼 금방 찾아낼 수 있을 텐데."

"그러게. 정말 그런 지도가 있으면 편리하겠다."

깜돌이와 꽁주는 한참을 그렇게 간식을 찾다가 이제 쉬려고 이불로 돌아왔어요. 누우려고 이불을 정돈하는데 어라? 이불 속에 간식이 있는 게 아니겠어요? 신난 깜돌이와 꽁주는 이불을 마음껏 뒤지며 남은 간식을 찾아내 맛있게 먹었어요. 이제 정말로 다 찾은 것 같자 이불 위에 누웠어요.

꽁주는 몸을 뒤집어 등을 이불에 비비면서 말했어요.

"깜돌아, 오늘 재밌었다. 그치? 맛있는 간식도 많이 먹고. 네 말대로 간식 지도가 있었으면 더 쉽게 찾았겠지만 말이야. 참. 보물지도라는 말이 나와서 하나 떠오른 것이 있어. 혹시 '별자리'가 뭔지 아니?"

"별자리? 전에 한이 형이 오늘의 운세를 볼 때 내 별자리는 이거니까 오늘은 이렇네 하고 말하는 걸 들은 적 있어."

"그래. 별자리를 그렇게 사용하기도 하지. 하지만 운세는 우리의 관심사가 아니야. 예전에 우리가 여기 말고 도시 외곽에서 살 때 밤하늘을 보면 별들이 많았잖아. 그때 우리는 점으로 보이는 별들을 상상의 선으로 연결하면서 어떤 모양을 만들어봤지? 이쪽 별들은 오각형이고 저쪽

별들은 우리 같은 개를 닮았고. 또 어떤 별들은 한이 오빠 같은 사람을 닮았고 말이야."

"응. 기억나. 하늘을 나는 새를 닮은 모양도 있었어."

"그래 맞아. 우리가 이렇게 별들에 선을 그으며 모양을 만들었던 것처럼 사람들도 밤하늘의 별들을 보며 모양을 만들었어. 그렇게 밤하늘에 총 88개의 모양을 만들어냈는데 이것이 별자리야.

각 별자리는 이름을 갖고 있는데 대부분의 별자리는 이름이랑 전혀 어울리지 않는 모습을 하고 있어. 사람들은 이야기 속에 나오는 등장인물들을 별자리 이름으로 사용했거든. 그래서 조금은 억지스러운 것들이 대부분이야. 하지만 정말로 이름처럼 생긴 별자리도 있어. 백조자리는 정말 백조가 날개를 펼치고 하늘을 날고 있는 것처럼 생겼어. 전갈자리도 전갈의 꼬리가 정말 있는 것 같고."

"아, 사람들도 밤하늘을 보면서 우리처럼 모양을 만들어냈구나. 그런데 별자리가 보물지도랑 무슨 상관이 있어? 별자리는 그냥 모양 아니야?"

"사실은 별자리가 밤하늘의 지도야."

"엥? 별자리가 지도라고? 어떻게?"

꽁주는 몸을 뒤집어 똑바로 누운 후 말을 이어갔어요.

"별자리라는 건 별이 놓인 자리를 의미하거든. 그리고 아까 밤하늘에 88개의 별자리를 만들어놓았다고 했잖아. 이것은 사실 밤하늘을 88개의 구역으로 나눠놓은 거야. 이 88개 별자리 구역들이 밤하늘을 빈틈없이 채우고 있어. 이건 사람들이 땅을 여러 구역으로 나눈 것과 같아. 서울을 종로구, 용산구, 강북구, 영등포구 등으로 나눈 것과 같은 거지. 여기는 오리온자리 구역, 그 옆에는 황소자리 구역, 저기는 거문고자리 구역, 이런 식으로 말이야. 그래서 밤하늘에서 각 구역을 맡은 별자리들을 한꺼번에 펼쳐보면 결국 별자리들이 밤하늘 전체의 지도를 만들게 되는 거야."

"우와. 별자리가 밤하늘의 지도라니. 신기하다."

"그런데 깜돌아, 이렇게 별자리를 사용해 밤하늘을 88개 구역으로 나눠놓으면 좋은 점이 있어. 예전에 우리가 망원경에 대해 이야기할 때 밤하늘에는 멋진 모습을 가진 보석들이 숨어 있다고 한 말 기억하니?"

"응. 기억나. 보석이란 별들이 모여 있는 집단인 성단, 우주의 구름인 성운, 우주의 거대한 섬에 해당하는 은하를 말하는 거지?"

"맞아. 이 보석들의 위치에 대해 말할 때 별자리가 매우 유용하거든. 예를 들어 맨눈으로도 어느 정도 보이는 아주 멋진 플레이아데스 성단을 깜돌이가 발견했다고 해보자. 깜돌이는 나한테 이 성단의 위치를 알려주고 싶어해. 이때 깜돌이 너는 다음처럼 말할 수 있지. '플레이아데스 성단은 황소자리에 있다.' 그러면 나도 이 성단을 보기 위해 황소자리를 살펴볼 거야. 이처럼 별자리는 보석이 밤하늘의 어디에 있는지를 나타낼 때 그 보석이 놓인 주소 역할을 해주지."

"오! 알겠어. 별자리가 생각보다 쓸모 있는 거였네."

"그리고 하나 더 말하면 사실 이렇게 그저 그 성단은 그 별자리에 있다고 말하는 것은 애매하기도 해. 정확히 그 위치를 어떻게 찾아야 하는지는 알 수 없지. 이럴 때 우리는 밤하늘을 정말로 지도로 만든 '성도'와 구체적으로 보석을 찾는 방법인 '스타호핑'을 사용하게 돼."

"성도랑 스타호핑?"

"성도는 인터넷에서 다운받을 수 있는데 여기에는 밝고 어두운 별들과 성단, 성운, 은하의 위치가 표시되어 있어. 예를 들어 어떤 성단을 밤하늘에서 찾고 싶으면 먼저 성도에서 그 위치를 확인하는 거야. 곧바로 이 성단을 밤하늘에서 한 번에 찾기는 힘들어. 그래서 우선 성단 근처에서 위치를 쉽게 찾을 수 있는 밝은 별부터 시작하는 거야. 이 별을 먼저 찾고 옆의 인접한 별들로 조금씩 이동해. 그렇게 계속 이동하다가 찾고자 하는 성단에 이르는 길을 성도를 보며 알아내는 거야.

이렇게 성단을 찾는 길을 알아냈으면 실제 밤하늘을 망원경으로 보면서 알아낸 길 그대로 성단을 찾으면 돼. 스타호핑법은 별과 별 사이를 토끼처럼 뛰면서 이동한다는 의미인데 망원경으로 보면서 별과 별 사이를 점프하듯 이동하는 거야. 그러면 원하는 보석을 찾을 수 있거든. 이렇게 찾은 보석은 희미하긴 하지만 멋진 모습을 관측자에게 선물해줘."

깜돌이는 밤하늘에도 지도가 있고 그 지도가 멋진 천체들이 어디에 있는지를 알려주는 보물지도라는 사실이 놀라웠어요. 별을 좋아하는 사람들은 밤하늘의 보석을 찾았을 때 어떤 감정을 느낄까요? 정확히는 몰라도 우리 개가 간식을 찾아내 맛있게 먹었을 때 행복해하듯 분명 그것도 어떤 특별한 좋은 느낌일 거라고 깜돌이는 추측했어요.

볼일을 마치고 집에 돌아온 한이는 개들이 간식을 잘 찾아 먹었는지 확인했어요. 못 찾은 것도 있었지만 대부분 잘 찾아 먹었네요. 한이는 개들의 머리를 쓰다듬고는 오래 기다려준 것에 대한 보상으로 더 맛있는 간식을 하나씩 주었어요.

> 9

중력

달이 지구로
떨어지고 있다고?

 오늘 한이는 깜돌이와 간단히 산책한 후 깜돌이는 집에서 쉬게 하고, 꽁주를 데리고 조금 멀리 있는 공터로 나왔어요. 꽁주는 깜돌이와 다르게 수줍음이 많아서 낯선 개들을 보면 피하는 경향이 있어요. 그래서 개들은 별로 없고 잔디가 넓게 깔린 공터에 왔지요.

 탁 트인 공터에 도착한 꽁주는 몇 번 잔디 냄새를 맡더니 신나게 달리기 시작했어요. 이쪽으로 뛰고 저쪽으로 뛰면서 즐거워하는 꽁주의 표정에 함박웃음이 보이는 것 같았지요. 그러다가 꽁주의 줄이 팽팽해져서 앞으로 더 나아갈 수 없었어요. '어라?' 꽁주는 한이 오빠가 자신을 당기는 것이 느껴졌어요. 그래서 앞으로 나아가는 대신 줄이 팽팽해진 채로 옆으로 달리기 시작했어요. 계속 달리고 싶었거든요. 줄이 팽팽한 채로 달리다 보니 자연스럽게 꽁주는 한이 오빠를 중심으로 원을 그리며 달리게 되었어요.

"어? 이렇게 달리는 것도 재밌는데? 아, 혹시 이게? 그렇구나!"

꽁주는 달리면서 뭔가를 깨달은 듯했어요. 한편 한이는 꽁주가 달리는 방향을 따라서 몸을 회전시키며 줄을 꼭 붙잡고 자신 쪽으로 당겼지요. 꽁주가 신나 하는 것 같아서 한이도 꽁주를 따라 빙글빙글 돌았어요.

"꽁주야, 잠깐만. 너무 도니까 어지러워. 이제 그만 돌자."

한이는 꽁주에게 서서히 다가가 줄을 느슨하게 만들었고, 꽁주도 달리다 보니 지쳤는지 다시 천천히 걸었어요. 꽁주는 넓은 공터를 천천히 걸어다니며 냄새를 맡고 한참을 그렇게 시간을 보냈지요. 햇살이 따뜻하고 바람이 선선하게 불어서 오늘은 운동하기 참 좋은 날이었어요. 꽁주도 다리 운동이 꽤 되었겠죠?

집에 돌아온 꽁주에게 깜돌이가 말했어요.

"꽁주 누나, 오늘 뭐 하다 왔는데 이렇게 기분이 좋아? 몸도 가벼워 보이고."

"응. 오랜만에 공터에 나가서 달리기 좀 하고 왔어."

"앗. 치사해. 한이 형은 나는 안 데려가고 누나만 거기에 데려간 거야? 나도 가고 싶은데."

"깜돌이는 다음에 한이 오빠가 더 좋은 곳에 데려가 주겠지. 오늘은 내 타임이었다고."

"그래. 난 다음을 기대해야지. 두고봐. 난 더 재밌게 놀고 올 테니까."

"그래. 참! 깜돌아, 오늘 나 달리기하면서 좀 재밌는 걸 발견했다."

"응? 달리기가 달리기지 그게 뭐 따로 재밌을 게 있어?"

"달리다 보니까 한이 오빠랑 나를 연결한 줄이 팽팽해졌거든. 그렇게 되니까 내가 한이 오빠에게서 더 멀어질 수가 없었어. 그래서 어쩔 수 없이 한이 오빠 주변으로 달리기 시작했거든. 줄은 여전히 팽팽한 채로 말이야. 그렇게 달리니까 어떻게 되었게? 한이 오빠를 중심으로 한 원을 그리면서 달리게 되었어."

"원? 동글동글, 둥글게 달리게 되었다고?"

"응. 신기하지. 그런데 내가 원으로 달릴 때 재밌었던 건, 나는 분명 앞으로 달리고 있는데 한이 오빠가 줄로 나를 잡아주니까 자연스럽게 원을 그리게 되었다는 거야. 정확히 말하면 한이 오빠가 원의 중심 위치에서 나를

잡아당겼기 때문에 나는 원을 그리면서 이동하게 되었지. 이게 꼭 놀이기구를 타는 것 같은 느낌이었어."

"오! 뭔가 재밌을 것 같은데. 나도 다음에 해봐야지."

"그런데 깜돌아, 내가 원으로 달려보니까 저번에 한이 오빠가 갖고 있던 과학책에서 본 내용이 딱 떠오르는 거 있지. 깜돌아, 밤하늘에서 달을 본 적 있지?"

"응. 예쁘게 노란빛을 내는 동그란 달. 본 적 있지. 하늘에 떠 있잖아."

"그래. 근데 사실은 그 달이 하늘에 그냥 떠 있는게 아니라 지구로 떨어지고 있는 상태라면?"

깜돌이는 이번에도 누나가 이상한 말을 한다고 생각하며 고개를 기우뚱했어요.

"달이 지구로 떨어지고 있다고? 그럴 리가! 달은 하늘에 가만히 둥둥 떠 있는데? 누나도 봤잖아. 아주 평화롭게 떠 있는 거."

"맞아. 평화롭게 떠 있지. 하지만 사실 달은 지구를 중심으로 원을 그리며 회전하고 있어. 즉 움직이고 있는 거지. 그것도 엄청 빠르게. 아마 네가 달리는 것보다 100,000배는 더 빨리 움직이고 있을 거야. 그런 빠르기로 대략 한 달에 지구를 한 바퀴 돌지."

"응? 저렇게 가만히 있는 것처럼 보이는 달이 나보다 100,000배 빨리 움직인다고? 더 믿을 수 없는데. 그럼 왜 가만히 있는 것처럼 보이는 거야?"

"그건 달이 우리로부터, 우리가 살고 있는 지구로부터 굉장히 멀리 있어서 그래. 멀리 있으면 움직임이 거의 느껴지지 않거든. 자동차를 예로 들어보자.

자동차가 바로 옆을 지나갈 때는 굉장히 빠르게 움직였지? 그런데 이전에 한이 오빠랑 너랑 나랑 산 위에 올라갔던 거 기억나? 높은 산 위에서 아래를 내려다보니까 모든 것들이 굉장히 작아 보였잖아. 작아 보이던 것들 중 자동차도 있었지? 그런데 그때 멀리 있는 자동차의 움직임은 어떻게 보였니? 아마 그 멀리 있던 자동차도 네 옆을 지나가던 자동차와 비슷한 빠르기로 움직이고 있었을 거야. 그런데도 멀리 있는 자동차는 크기가 작게 보이는 동시에 그 움직임이 상당히 느리게 보였지."

"어? 정말 그렇네. 멀리 있던 자동차는 마치 장난감 차가 천천히 움직이는 것 같았어."

"그래. 우리 눈은 멀리 있는 물체는 작게 보이게 하고 이와 함께 그 물체의 움직임도 느려 보이게 되지. 신기하지? 달도 자동차와 마찬가지야. 사실 달은 엄청나게 크단다. 하지만 너무 멀리 있어서 우리 눈에 아주 작게 보이지. 또한 달은 엄청나게 빨리 움직이지만 너무 멀리 있어서 그 움직임이 바로 눈에 보이지 않는 거야. 하지만 달은 분명 움직이고 있어."

꽁주는 깜돌이의 신기해하는 표정을 보고 말을 이어갔어요.

"그리고 달은 지구로부터 당겨지는 힘을 받고 있어. 이 힘을 물리학에서는 '중력'이라고 불러. 그런데 이 중력은 서로를 연결하는 줄이 없어도 작용해."

"그런 게 있어? 서로 연결하는 줄이 없는데도 당길 수 있다고?"

"참 신기하지. 잠깐 생각해볼까? 만약 나도 가만히 있고 한이 오빠도 가만히 있는데 한이 오빠가 나한테 묶여 있는 줄을 당기면 나는 어떻게 될까?"

"당연히 누나는 한이 형한테 끌려가겠지? 누나는 점점 한이 형에게 다가가게 될 거야. 그러고는 한이 형이 결국 누나를 꼭 안게 되겠지."

"맞아. 마찬가지로 지구가 중력으로 달을 당기고 있다면, 그리고 달이 그저 하늘에 가만히 떠 있다면 달은 지구로 점점 다가갈 거야. 그리고 결국 달은 지구에 충돌하겠지. 달이 지구로 떨어지는 거지."

"우와! 그럼 안 되는데. 실제로 지구는 달을 당기고 있다고 했잖아? 그런데 왜 달이 지구로 안 떨어지는 거야?"

"사실 달은 지구로 떨어지고 있어. 그런데 달은 이렇게 떨어짐과 동시에 지구를 향하는 방향과 직각이 되는 방향, 즉 옆 방향으로도 계속 움직이고 있거든. 내가 한이 오빠 주변을 원을 그리면서 돌 때를 잠깐 살펴볼까?

나는 사실 옆으로만 계속 달렸어. 여기서 옆이란 나와 한이 오빠를 연결하는 선과 직각인 방향을 말해. 만약 한이 오빠가 나를 잡지 않았다면 나는 내가 달리고자 하는 옆 방향으로 갈 수 있었겠지. 하지만 한이 오빠가 나를 당겼기 때문에 나는 옆 방향 그대로 가지 못하고 한이 오빠 쪽으로 조금 이동하게 된 거야. 이렇게 나의 옆 방향 움직임과 한이 오빠에게로 향하는 움직임이 연속적으로 합해지면 결국 원을 그리며 움직이게 되지.

달도 마찬가지야. 사실 달도 옆 방향으로 계속 움직이려고 해. 이 움직임은 관성에 의해 어떠한 힘도 필요하지 않아. 만약 지구가 당기지 않는다면 관성에 의해 그 옆 방향 그대로 움직여서 지구로부터 멀어지지. 하지만 지구가 당기기 때문에 옆 방향으로 가다가 조금 지구 쪽으로 떨어지는 거야. 이 옆 방향 움직임과 중력에 의해 지구 쪽으로 떨어지는 움직임이 연속적으로 나이스하게 합해지면서, 달은 지구가 당기는 힘에 의해 지구로 떨어지면서도 지구에 가까워지지 않고 계속 지구 주위를 돌게 돼. 그게 바로 원이 되는 거지. 정확히는 조금 찌그러진 원이 되지만 말이야."

깜돌이는 지구 쪽으로 떨어지는데 지구에 가까워지지 않는다는 게 잘 이해가 되지 않았어요.

"이상하지? 사실 원이라는 것이 그래. 원은 가장 단순한 도형 같지만 알고 보면 참 신비롭거든. 어쨌든 지금은 그런 신기한 떨어짐도 있다는 것만 알면 돼."

깜돌이의 머릿속에는 산책과 간식이 80퍼센트를 차지하고 있었는데 꽁주 누나가 우주에 대한 이야기를 하니까 뭔가 기분이 이상했어요. 중력이라니! 달과 지구가 서로를 당기고 있고, 달이 지구로 떨어지는데 지구에 가까워지지 않는다니! 이런 것들이 뭔가 비현실적으로 느껴졌지만 그래도 세상은 단지 땅만 넓은 게 아니라 땅 위로도 우주적인 커다란 스케일을 갖고 있다는 것을 알게 되었고, 이로 인해 조금은 세상이 다르게 보였어요.

꽁주는 깜돌이에게 다정하게 말했어요.

"깜돌아, 오늘은 우리가 너무 멀리 갔다 왔다. 그치? 우주까지 갔으니 말이야. 괜찮아. 이런 것들이 있다는 것만 알아두면 돼. 깜돌이는 그저 나중에 한이 오빠랑 산책 갔을 때 원을 그리며 도는 것을 해보는 것으로 충분해. 잘 놀면 우주도 더 잘 이해할 수 있거든."

맞아요. 깜돌이는 오늘 저녁에 한이 형이랑 산책 갈 생각에 신이 났어요. 신나게 뛰면서 우주도 덤으로 이해할 거라고 생각했어요!

참! 참고로 꽁주처럼 얌전한 개는 줄과 관련해서 크게 신경 쓰지 않아도 되지만 깜돌이처럼 활기찬 개는 빳빳한 줄이 아닌 탄성이 있는 줄을 사용하는 것이 좋아요. 개가 갑자기 뛰어나갈 때 급하게 붙잡으면 줄 때문에 충격이 갈 수 있거든요. 인터넷에서 잘 알아보면 이런 개에게 적합한 탄성 좋은 줄을 판매하고 있어요. 아니면 기존 줄에 탄성이 있는 보조 줄을 연결해 사용할 수도 있고요. 개의 성향에 맞는 줄을 선택해주세요!

10 **부력**

물 대신
뜨는 거라고?

오늘 한이는 동호회 사람들과 캠핑을 가기로 했어요. 다행히도 이 캠핑장은 반려견 동반 입장이 되는 곳이어서 깜돌이와 꽁주도 데려갔지요. 차에서 내린 깜돌이와 꽁주는 캠핑장 이곳저곳에서 나는 고기 굽는 냄새에 정신을 차릴 수 없었어요. 동호회 사람들은 개들에게 다가와 쓰다듬고 잔뜩 귀여워해줬어요. 깜돌이와 꽁주는 기분이 좋아서 배를 뒤집고 사람들이 마음껏 만지게 해줬지요.

한이는 개들을 데리고 캠핑장 주변을 산책했어요. 그러다 보기만 해도 시원해지는 계곡을 만났어요. 더운 여름이라서 이미 어른들과 아이들이 계곡물에 들어가 수영하며 놀고 있었죠. 한이는 수영을 못 해서 그저 계곡 주변을 돌아다녔어요. 깜돌이와 꽁주도 물을 좋아하지 않아서 물에서 놀고 있는 사람들을 신기해하며 구경했지요.

깜돌이는 계곡의 신선한 공기를 들이마시며 꽁주에게 말했어요.

"누나, 여긴 엄청 시원하다. 여름이라 많이 더웠는데 여기 오니까 살 것 같아!"

"그러게 정말 좋다. 이런 곳도 있구나. 물도 깨끗한가 봐. 여기 높은 곳에서 보니까 물속이 다 투명하게 보인다."

"진짜 그렇네. 어? 누나, 저 인간 아이 좀 봐. 도넛 같은 것 안에 쏙 들어가서 물에 둥둥 떠 있어. 귀엽다. 그치?"

"어. 정말 귀엽네. 아마 저 도넛 같은 건 튜브일 거야. 저 인간 아이가 물에 쉽게 뜰 수 있게 도와주는 도구일 거야."

"물에 뜬다고? 어? 그러고 보니 저 아이는 물에 떠 있네! 신기하다. 우리도 물에 들어가면 뜰 수 있을까?"

"그럼. 개들은 수영을 잘하는 편이야. 깜돌이 너도 물에 잘 뜰 수 있을 거야."

"헤헤. 하지만 난 물은 별로야. 목욕도 겨우 하는걸. 그건 그렇고 저 아이는 왜 물에 떠 있는 거지? 돌멩이는 저렇게 물 아래 가라앉아 있는데."

꽁주는 깜돌이의 질문에 조금 이상한 대답을 했어요.

"음, 그건 아마 물 대신 떠 있는 걸 거야."

"물 대신에 떠 있는 거라고? 그게 무슨 말이야?"

"말이 좀 이상하지? 물 대신 뜬다는 의미를 알아보기 전에 두 가지를 먼저 알아보자. 첫 번째는 이전에 알아보았던 '중력'이야. 지구가 중력으로 달을 당기고 있다고 했잖아? 그런데 사실 지구는 달뿐만 아니라 한이 오빠도 너도 나도 모두 땅 쪽으로 당기고 있어. 그래서 네가 위로 점프를 해도 다시 땅으로 떨어지는 거지. 이 중력 때문에 말이야."

깜돌이는 놀라며 말했어요.

"지구가 나를 당기고 있어? 그럼 이것 때문에 우리가 땅에 붙어 사는 거야?"

"그래 맞아. 지구는 땅 위의 물체들을 땅 쪽으로 당기고 있어. 물도 예외는 아니야. 지구는 물도 아래로 당기고 있지."

꽁주는 두 번째를 나타내는 표시로 양쪽 발바닥을 보이며 말했어요.

"그리고 중력과 함께 또 하나 알아둘 게 있어. 산책 끝나고 한이 오빠가 집에 들어가려고 할 때 너는 집에 가기 싫어서 열심히 버티잖아. 그때 한이 오빠는 너를 당기지. 그런데 너는 어떻게 정지 상태로 버틸 수 있을까? 이것은 이전에 우리가 이야기했던 땅과 발바닥 사이의 마찰력 때문이야. 마찰력은 한이 오빠가 너를 당기는 힘과 방향은 반대이면서 크기는 같은 힘을 너에게 작용하게 돼.

이렇게 방향은 반대이고 크기가 같은 두 힘이 한 물체에 작용하면 두 힘은 합해져서 0이 되지. 이것을 '힘의 평형'이라고 말해. 두 힘은 합해서 0이 되었기 때문에 결국 물체는 그 움직임에 변화가 없어. 힘은 물체의 빠르기를 변화시킬 수 있거든. 그런데 힘이 0이 되니까 빠르기에도 변화가 없는 거지. 힘이 0이면 원래 정지해 있던 물체는 계속 정지해 있고, 움직이고 있던 물체는 계속 그 빠르기 그대로 움직이지. 즉 관성에 의해 원래의 운동 상태가 그대로 유지되는 거야."

"그럼 힘의 평형 때문에 내가 집에 안 들어가고 버틸 수 있었던 거네."

"맞아. 자, 우리는 중력과 힘의 평형에 대해 알았으니 이제 물에 물체가 왜 뜨는지 알아낼 수 있어. 물은 딱딱한 물체와는 다르게 출렁거리고 흘러가는 성질을 갖고 있지? 이러한 성질을 가진 물체를 '유체'라고 불러. 물이 가득 찬 엄청 넓고 깊은 호수를 생각해보자. 원래 유체인 물은 아무리 호수가 잔잔해 보이더라도 호수 내부에서 움직이고 있을 거야. 음, 생각을 쉽게 하기 위해 상황을 단순화시켜보자. 물이 완전히 가만히 있다고 가정해 보는 거야. 이처럼 가정하면 생각하기가 편해지거든. 과학에서는 이런 식으로 단순화시켜서 생각하는 걸 좋아한단다."

꽁주는 한이 오빠의 가방에서 팔랑이는 보자기를 꺼내며 말했어요.

"자, 이렇게 가정하고 호수에 깜돌이가 이 보자기를 하나 물고 들어가는 거야. 이 보자기는 무게가 전혀 없는 신기한 보자기라고 하자. 깜돌이는 잠수를 해서 호수 중간 깊이에 있는 물의 일부를 보자기로 감싼 후 풍선처럼 묶어서 보자기를 공처럼 만들었어. 보자기 안에는 물이 가득 차 있지. 이러한 행동을 해도 여전히 물은 출렁거리지 않고 가만히 있다고 가정하자. 그럼 여기서 퀴즈! 이 동그란 보자기는 물속에서 어떤 상태로 있게 될까?"

깜돌이는 조금 생각한 후에 대답했어요.

"음. 보자기는 없는 거나 마찬가지고 그저 기존에 있던 동그란 물을 감싸고 있는 것뿐이니까 이 동그란 보자기

도 여전히 물속에서 그대로 가만히 떠 있을 것 같은데? 아무 변화 없이 말이야."

"맞아. 그저 물속에 떠 있던 동그란 공 모양의 물을 보자기로 감싼 것뿐이니까 여전히 보자기도 그대로 물속에서 떠 있겠지. 그런데 생각해보면 이 보자기 속의 물은 무게가 있으니까 원래 아래로 가라앉아야 해. 중력이 물을 아래로 당기니까. 하지만 이 보자기가 가만히 있다는 건 보자기 속 물의 무게와 똑같은 크기의 힘이 위로도 작용하고 있다는 말이 돼. 그래야 두 힘이 상쇄돼서 보자기가 가만히 있을 수 있거든.

힘의 평형 기억하지? 그런데 그런 힘이 도대체 어디서 나왔을까? 이 보자기 바깥에 있는 물로부터 이 힘이 나온 거야. 이런 힘을 '부력'이라고 불러. 물과 같은 유체는 이런 부력을 갖고 있어. 정리하면 공 모양의 보자기에게 작용하는 부력의 크기는 보자기 속 물의 무게와 크기가 같은 거지."

꽁주의 눈이 반짝거렸어요.

"그런데 정말 재밌는 건 지금부터야. 이 보자기의 모양은 그대로 유지한 채 보자기 속 내용물만 바꿔볼까? 그런데 이렇게 해도 보자기에 작용하는 부력의 크기는 여전히 같아. 즉 보자기에 물이 들었을 때의 무게만큼 여전히 부력으로 작용하지. 왜냐하면 부력은 보자기 바깥에 있는 물에서 나왔으니까, 보자기의 모양이 같다면 보자기의 내용물을 바꿔도 부력은 바뀌지 않는 거야. 부력은 이 내용이 핵심이야.

예를 들어 내가 다른 보자기에 작은 돌멩이들을 가득 넣어서 묶은 후 네게 주었다고 해보자. 이것도 아까의 물이 들은 보자기와 같은 모양, 즉 같은 부피를 가지고 있다고 해볼게. 자, 깜돌이 너는 아까 물이 든 보자기를 재빨리 밀어내고 그 자리에 이 돌멩이들이 든 보자기를 대신 놓았어. 이런 행동을 해도 여전히 주변 물은 출렁이지 않고 가만히 있을 수 있다고 가정하자. 이제 이 보자기는 어떻게 될까?"

깜돌이는 돌멩이들이 가득 든 보자기를 머릿속에 떠올리며 대답했어요.

"돌멩이는 물보다 무거우니까 이번 보자기 공은 아까보다 더 무거운 무게를 갖고 있어. 그런데 누나가 말한 대로 부력은 여전히 위쪽으로 아까와 같은 힘으로 작용하겠지. 그래서 아래쪽으로 향하는 중력이 위쪽으로 향하는 부력보다 더 커. 결국 힘의 평형이 깨질 거 같아."

"그래. 이렇게 되면 보자기 공에 작용하는 두 힘의 합은 결국 아래쪽을 향하지. 힘을 받은 물체는 그 힘이 향하는 방향으로 움직이게 돼. 그래서 돌멩이가 든 보자기는 아래로 가라앉을 거야. 이제 반대의 경우를 생각해볼까? 지금 한 것과 다 같은데 이번에는 내가 보자기 속에 공기를 넣은 채 묶어서 네게 주었어. 이 공기 보자기는 무게가 물 보자기보다 가볍지. 그런데 이 공기 보자기는 여전히 물 보자기의 무게만큼 부력을 받게 돼. 이렇게 되면 아래쪽을 향하는 공기 보자기의 무게보다 위쪽을 향하는 부력이 더 크지. 두 힘의 합은 결국 위쪽을 향하고 공기 보자기는 위쪽으로 이동해. 즉 물속에 있다가 위로 떠오르는 거지."

깜돌이는 그렇구나 하고 생각하며 고개를 여러 번 끄덕였어요. 꽁주는 차분히 말을 이어갔어요.

"여기서 핵심은 같은 부피 안에 물보다 무거운 물체가 들어 있느냐 아니면 물보다 가벼운 물체가 들어 있느냐에 따라 물에 가라앉을지 아니면 물 위로 떠오를지가 결정된다는 점이야. 왜냐하면 그 물체가 기존에 있던 물 대신 위치하면서 물이 받던 부력을 그대로 받는 거니까. 무게는 질량에 의해 결정되기 때문에 무게 대신 질량으로 표현해보자. 일정한 부피에 들어 있는 질량에 의해 물에 뜰지 가라앉을지가 결정되므로 부피당 질량이 중요한 개념이라는 것을 알 수 있어. 그래서 사람들은 이 개념을 '밀도'라고 부르기로 했지."

"오! 그럼 밀도에 따라 물에 가라앉을지 물 위로 뜰지가 결정되는 거네. 기준은 물의 밀도가 되는 거고."

"맞아. 그리고 부력은 보자기 속 물의 무게와 크기가 같았지? 보자기 부피가 크면 물이 많이 들어가서 물의 무게도 늘어나니까, 보자기 공 부피가 클수록 보자기 공이 받는 부력도 커질 거야. 그래서 인간 아이는 커다란 튜브를 사용해 물에 뜨는 거야. 튜브는 안에 가벼운 공기가 들어서 물보다 밀도가 작으니까 물 위로 뜨겠지. 그런데 부피도 크니까 그만큼 부력도 많이 받아. 즉 아이의 몸무게를 이겨낼 만큼 큰 부력을 받을 수 있는 거지."

깜돌이는 이제야 물체가 물 대신 떠 있다는 누나의 말을 이해할 수 있었어요. 뜬다는 건 참 신기한 일 같아요.

꽁주는 시원한 바람을 느끼며 천천히 걸으면서 깜돌이에게 말했어요.

"깜돌아, 정확히 물에서 부력이 어떻게 생겨나는지 모르더라도 이처럼 기존의 물 덩어리가 그곳에 가만히 떠 있으려면 그런 위로 향하는 힘을 받아야 한다는 생각으로 이렇게 부력의 존재를 이끌어냈다는 점이 재밌지 않니? 과학은 이런 식으로 생각을 진행시키고 많은 것을 알아낼 수 있단다."

한이는 깜돌이와 꽁주를 데리고 다시 캠핑장에 돌아왔어요. 한이는 개들에게 맛있는 것을 먹이고 사람들과 재밌게 놀면서 간만에 자연과 함께하는 좋은 시간을 가졌어요. 역시 어딘가로 떠나는 건 일상의 쉼표이자 활력이 되네요.

11 시간

**시간이 정말로
느리게 흐른다고?**

　　　　　　　오늘도 깜돌이와 꽁주는 외출한 한이가 일을 끝내고 어서 집에 오기를 기다리고 있었어요. 깜돌이는 이불에 옆으로 누워 다리를 곧게 뻗은 채 말했어요.

"누나, 한이 형은 언제 올까?"

꽁주는 두 앞발을 넓게 벌리며 대답했어요.

"글쎄 한이 오빠가 나간 지 이 정도 지난 것 같은데. 그래도 아직 이만큼은 더 남은 것 같아. 많이 기다려야 할 것 같은데."

깜돌이는 자세를 고쳐 앉으며 말했어요.

"에휴. 시간이 왜 이렇게 안 가는 거야. 한이 형이랑 산책할 때는 시간이 빨리 지나가는데."

꽁주는 웃으며 말했어요.

"그러게. 기다리는 시간은 참 느리게 흐른다. 그치? 밖에서 놀 때는 별로 논 것 같지도 않은데 벌써 집에 갈 시간이 돼버리고."

깜돌이는 고개를 여러 번 끄덕이며 말했어요.

"맞아. 시간이 마치 밖에서는 빠르게 흐르고 집에서는 느리게 흐르는 것 같아. 그럴 리는 없지만 말이야."

꽁주는 잠시 코를 만진 뒤 말했어요.

"깜돌아, 왜 그럴 리는 없다고 생각해?"

"응? 시간은 항상 똑같이 흐르니까. 한이 형 책상에 놓인 시계의 초침은 항상 일정한 빠르기로 회전하는걸. 집에서 기다리는 건 지루하니까 그냥 시간이 느리게 가는 것처럼 느껴질 뿐이잖아?"

꽁주는 묘한 표정을 지으며 말했어요.

"흠. 그건 네 말이 맞아. 그런데 시간이 정말로 느리게 간다면 믿을 수 있겠어?

"엥? 진짜로 느리게 간다고? 그저 느낌이 아니라?"

"응. 물리학에 따르면 시간이 정말로 느리게 가는 것이 가능해. 실제로 사람들이 사실로써 직접 확인했고."

"우와! 너무 멋지다. 그럼 내 시계의 초침이 느리게 움직이는 것을 내가 볼 수 있다는 거네?"

"음. 그건 아니야. 네 시계의 초침은 네가 볼 때 언제나 같은 빠르기로 움직여. 그건 변함없지. 하지만 네 시계를 내가 보았을 때는 그 시계의 초침이 느리게 움직일 수도 있어."

깜돌이는 무슨 말인지 모르겠다는 표정을 지으며 고개를 오른쪽으로 기울였다가 왼쪽으로 기울였어요. 꽁주가 말을 이어갔죠.

"다시 말해서 너의 시간과 나의 시간이 다르게 흐르는 것은 가능하다는 말이야. 즉 내가 들고 있는 시계의 초침과 네가 들고 있는 시계의 초침은 어떤 상황에서는 다른 빠르기로 움직일 수 있지."

"시계가 고장 난 게 아니라?"

"응. 시계는 멀쩡해. 구분을 쉽게 하기 위해 깜돌이의 시간, 꽁주의 시간으로 이름을 붙여서 말해보자. 깜돌이와 꽁주는 각자 시계를 갖고 있어. 둘 다 가만히 앉아 있었다면 두 시계는 똑같은 빠르기를 갖지. 그런데 꽁주가 갑자기 달리기 시작했어. 그리고 꽁주는 일정한 빠르기로 계속 달리는 상태가 되었다고 해보자. 이때 정지해 있는 깜돌이가 달리고 있는 꽁주의 시계를 보는 거야. 그럼 깜돌이는 꽁주 시계의 초침이 조금 느리게 움직인다는 것을 확인하게 돼."

"엉? 정말? 그렇게 된다고? 그럼 꽁주의 시간과 깜돌이의 시간이 다른 빠르기로 흐르는 거야? 꽁주에게는 시간이 느리게 가고 그러면 꽁주는 나이도 더 천천히 먹는 거야?"

"맞아. 꽁주 스스로가 느끼는 시간의 빠르기는 여전히 변함없지만 깜돌이가 보는 꽁주의 시간은 느리게 가지. 이상하고 신기하지. 믿기지 않겠지만 사실이야."

"오! 신기해! 그런데 왜 이렇게 되는 거야?"

"방금 말한 이야기에서 깜돌이와 꽁주의 시간 빠르기가 달라진 원인이 뭐였지?"

"잠깐만, 어디 보자. 아! 깜돌이와 꽁주 둘 다 가만히 있었을 때는 시간의 빠르기가 서로 똑같았어. 그런데 꽁주가 달리자 시간의 빠르기가 달라졌어!"

"그래. 맞아. 더 정확히 말하면 서로의 공간적 빠르기가 다르면 서로의 시간적 빠르기가 달라지는 거야. 모두에게 절대적으로 동일할 줄 알았던 시간의 빠르기가 사실은 서로의 공간적 빠르기의 차이에 따라 서로에게 달라지는 상대적인 대상이었던 거지."

"물체 간의 공간적 빠르기의 상대적인 차이가 시간적 빠르기의 상대적 차이를 만든다는 거지? 그런데 왜 공간적 빠르기가 시간적 빠르기에 영향을 끼치는 거야?"

"말이 조금 헷갈릴 수 있지만, 천천히 따라와봐. 누구에게나 절대적일 줄 알았던 시간적 빠르기의 동일성이 깨져버린 것은, 거꾸로 기존에 우리가 상대적일 줄 알았던 어떤 대상이 누구에게나 절대적인 것으로 밝혀졌기 때문이야. 그 대상은 바로 빛의 빠르기야. 빛은 신기하게도 누가 봐도 같은 빠르기를 갖거든.

예를 들어 100미터 달리기의 출발선에 깜돌, 꽁주, 빛이 있었다고 해보자. 그리고 원래 빛은 속력의 단위를 갖고 엄청나게 빠르지만, 여기서는 쉽게 말하기 위해 빛의 빠르기를 그저 숫자 3이라고 해볼게. 출발 신호가 울릴 때 빛은 빠르기 3으로 출발선을 통과하고 있었고 깜돌이는 딴생각을 하느라 여전히 정지해 있었어. 즉 깜돌이의 빠르기는 0이야. 그리고 꽁주는 가능하지는 않겠지만 빛의 빠르기보다 조금 느린 1로 달린다고 해보자.

여기서 퀴즈! 정지해 있는 깜돌이가 보는 빛의 빠르기는 얼마일까? 그리고 달리고 있는 꽁주가 보는 빛의 빠르기는 얼마지? 참고로 어떤 대상의 빠르기에서 관찰자

의 빠르기를 빼면 관찰자가 보는 그 대상의 상대적 빠르기를 구할 수 있어."

"어. 그렇다면 정지해 있는 깜돌이가 보는 빛의 빠르기는 3-0=3이니까 기존 빛의 빠르기와 같아. 한편 달리고 있는 꽁주가 보는 빛의 빠르기는 3-1=2가 되니까 빛이 조금 느리게 보이겠네."

"그래 잘했어. 계산도 정확해. 그런데 이게 이렇게 되지는 않아. 정지해 있는 깜돌이가 보는 빛의 빠르기도 3이고, 달리고 있는 꽁주가 보는 빛의 빠르기도 여전히 3이야."

"으잉? 2가 아니고 3이라고? 뭐지?"

"그치? 이상하지? 이처럼 상대적으로 달라질 줄 알았던 빛의 빠르기가 누가 보아도 절대적인 값인 동일한 3으로 보이게 된단다. 이것을 '광속 불변의 원리'라고 불러. 즉 빛은 그 누구에게도 자신의 정지된 모습을 보이지 않아. 언제나 같은 빠르기로만 보이게 되지. 이 원칙 때문에 재밌고 신기한 일이 생기는 거야.

우리가 100미터 달리기에서 빠르기를 어떻게 측정하지? 100미터라는 공간적 거리와 100미터를 달리는 데 걸린 시간을 측정하지? 즉 빠르기는 공간적 거리와 시간으로부터 구하게 돼. 자, 보는 사람에 따라 상대적으로 달라질 줄 알았던 빛의 빠르기가 누구에게나 절대적으로 동일하게 유지되려면 거꾸로 관찰자마다 절대적일 줄 알았던 빠르기를 구성하고 있는 공간적 거리와 시간이 관찰자에 따라 달라지는 상대적 대상이 될 필요가 있어. 그래서 결국 관찰자에 따라 공간적 거리가 줄어들거나 시간이 느리게 흘러가는 일이 벌어지게 된 거야."

"빛의 빠르기를 누구에게나 같게 하기 위해 빠르기를 구성하는 공간적 거리와 시간에 변형을 일으켰다는 거지? 엄청 이상하다. 그런데 이게 사실이라는 말이지? 이 세상은 내 상식과 정말 많이 다르네."

"그래. 빛의 빠르기가 같아야 했기에 시간의 빠르기가 달라진 거고 그래서 정지해 있는 깜돌이와 달리고 있는 꽁주의 시간이 다른 빠르기로 흘렀던 거지. 다만 우리가 평소에 달릴 때의 빠르기로는 시간이 느려지는 정도가 너무나 미비해. 거의 차이가 없다고 봐야겠지. 하지만 어느 정도의 큰 빠르기에서는 이 차이가 무시할 수 없을 정도로 나타나."

깜돌이는 자신의 시간과 다른 개의 시간이 다른 빠르기로 흐를 수 있다는 것이 사실이라고 생각하자 마치 이 세상이 마법이 존재하는 판타지 세상처럼 느껴졌어요. 그렇게 꿈같은 느낌이었는데 때마침 현관문에서 삑삑 소리가 났어요.

"한이 형이다!"

깜돌이와 꽁주는 신이 나서 한이를 맞이했고 한이는 오래 기다려준 개들을 따뜻하게 안아줬어요. 이제 마법같이 시간이 빨리 가는 산책 시간이 된 거예요.

| 12 |

눈

멀리 있는 건
왜 작게 보일까?

 겨울이 지나고 따뜻한 봄이 왔어요. 한이는 깜돌이와 산책을 나왔지요. 봄이 되니 산책을 나온 댕댕이들이 많았어요.

 깜돌이는 조금 걷다가 한 댕댕이를 만나고 또 조금 걷다가 다른 댕댕이를 만났지요. 자주 만나다 보니 깜돌이도 신이 났어요. 낯선 친구를 만나는 건 처음에는 조금 겁이 나지만 엉덩이 냄새를 맡고 나면 친근한 느낌이 들어서 같이 놀고 싶어지거든요.

 그렇게 여러 댕댕이들을 만나며 재밌게 산책을 하다가 깜돌이는 저 멀리 굉장히 통통하고 귀여워 보이는 댕댕이 한 마리를 발견했어요.

 '오! 저 댕댕이는 엄청 통통하다. 다리도 짧아. 귀여울

것 같은데. 얼른 가서 같이 놀아야지.'

 깜돌이는 한이를 끌어당기면서 그 댕댕이에게 달려갔어요. 그런데 어라? 가까워질수록 깜돌이 생각과 다르게 그 댕댕이가 점점 더 커지는 게 아니겠어요? 눈앞에 도달하고 보니 사실 그 댕댕이는 깜돌이보다 머리 하나가 더 있는, 아주 큰 댕댕이였어요. 깜돌이는 살짝 놀랐지만 그래도 조심스럽게 다가가서 엉덩이 냄새를 맡았죠. 다행히 그 댕댕이는 덩치는 컸지만 아주 순했어요. 그 댕댕이도 깜돌이 엉덩이 냄새를 맡았고 둘은 금세 친해져서 같이 걸으며 산책했어요.

 깜돌이는 집에 오자마자 꽁주에게 오늘 만난 큰 댕댕이에 대한 이야기를 했어요.

 "꽁주 누나! 나 오늘 엄청 큰 댕댕이 만났다! 그런데 그 댕댕이가 저 멀리 있을 때는 정말 작아 보였어. 그래서 귀여워해주려고 막 달려갔는데 실제로 보니까 엄청 크지 뭐야."

 "멀리 있을 때는 작아 보였는데 가까이서 보니 컸다는 말이지? 잠깐만. 나도 산책 갔다 와서 계속 이야기하자."

 꽁주는 한이와 천천히 산책하며 봄 냄새를 마음껏 맡았어요. 역시 봄 냄새는 기분을 좋게 해요. 꽁주는 걸어가며 주변을 차근차근 살펴봤어요. 그러다 방금 깜돌이가 했던 말이 떠올랐죠. '멀리 있는 건 작게 보이고 가까이 있는 건 크게 보인다. 그리고 멀리 있는 건물도 작게 보이고, 평행한 도로도 멀리 보면 점점 안쪽으로 모이고. 음, 신기하네.' 꽁주는 의문을 가진 채 집으로 돌아왔어요.

깜돌이는 꽁주를 보고 아까 하다 만 이야기를 하고 싶었어요.

"누나, 아까 봤던 그 큰 댕댕이. 크긴 했지만 정말 착한 개였어. 그래서 나랑 같이 산책하면서 이야기도 나눴어!"

"무슨 이야기를 나눴어?"

"응. 그 개는 사실 세 살밖에 안 됐대. 어리지? 그런데 덩치가 그렇게 클 수 있나 봐."

"깜돌이가 아홉 살이니까 한참 동생이네."

"응. 동생이지만 나랑 꽤 잘 맞아서 재밌었어."

꽁주는 깜돌이의 이야기를 한참 들어준 후 한이 오빠가 잠시 외출한 틈을 타서 눈의 구조에 대한 책을 찾아서 읽어보았어요. 아까 들었던 의문점을 풀기 위해서였죠. 어느덧 밤이 되었지만 꽁주는 아직 책을 읽고 있었어요. 그리고 한참 시간이 지난 후 드디어 책을 덮고 깜돌이 옆에 와서 누웠죠.

다음 날이 되었어요. 깜돌이는 아침에 기지개를 켜면서 일어나 꽁주에게 말했죠.

"꽁주 누나, 어제 뭘 그렇게 열심히 본 거야?"

"응. 왜 멀리 있는 건 작게 보일까를 알아봤어."

"그게 궁금했어?"

"정말 신기하지 않아? 멀리 있는 것들이 작게 보이기 때문에 많은 것들을 한눈에 담아서 볼 수 있잖아. 시야가 넓어진 거지. 만약 멀리 있는 게 거꾸로 크게 보였다면 우리는 밖을 돌아다닐 때 생각보다 위험해졌을걸. 시야가 좁아져서 외부 정보를 제대로 파악하기 힘들었을 거야."

"생각해보니 그렇네. 가까이 있는 게 커 보이니까 위험한 것이 가까이 있으면 잘 보고 피할 수 있어. 멀리 있는 건 작게 보이니까 위험해도 그렇게 신경 안 써도 되고."

"당연한 건데 왜 그런지 좀 궁금했거든. 그리고 어제 책을 보고 이유를 알 수 있었어."

"궁금해. 말해줘, 누나."

"책에서 보니까 빛은 직진하며 움직인다고 생각하면 편하대. 이것을 '빛의 직진성'이라고 부르나 봐. 그러니까 아마 주변의 방해가 없다면 어딘가에서 출발한 빛은 직선으로 계속 뻗어가겠지. 일단 이 빛의 성질을 기억하고 있어 봐."

 이렇게 말하고 꽁주는 잠깐 생각에 잠기더니 무언가 떠오른 듯 한이 오빠의 책상으로 가서 서랍에서 실을 꺼냈어요. 그리고 이번에는 옷장으로 가서 한이 오빠가 좋아하는 하얀 모자와 검은 모자를 꺼냈죠.

 우선 꽁주는 하얀 모자를 바로 앞 가까이에 있는 책상 의자 등받이에 걸쳐놓았어요. 그리고 등받이에 하얀 실 한쪽 끝을 묶은 후 실을 팽팽하게 당겨서 깜돌이에게 다가와 반대쪽 실 끝을 물고 있으라고 했어요. 깜돌이는 영문도 모른 채 일단 꽁주가 시키는 대로 했죠.

 그리고 이번에는 꽁주가 부엌으로 이동하더니 검은 모자를 멀리 있는 식탁의자 등받이에 걸쳐놓았어요. 그리고 마찬가지로 검은 실을 거기에 묶고 반대쪽 실 끝을 가져와 깜돌이에게 이 실도 물고 있게 했죠. 이렇게 한 후 꽁주는 앞발로 깜돌이의 머리를 아래로 눌러서 깜돌이가 실을 문 채로 바짝 엎드리게 했고 얼굴이 방바닥에 닿게 했어요. 모든 세팅이 끝난 후 꽁주는 말했어요.

 "깜돌아, 잘 봐봐. 하얀 모자는 가까이 있고 검은 모자는 멀리 있지만 두 모자는 방바닥으로부터 같은 높이에 있어. 그러니까 한이 오빠가 모자를 쓰고 가까이 있을 때와 멀리 있을 때라고 볼 수 있지."

꽁주는 실을 물고 있는 깜돌이를 보고 웃으며 말했어요.

"그리고 가까이 있는 하얀 모자로부터 오는 빛이 하얀 실이고 멀리 있는 검은 모자로부터 오는 빛이 검은 실이라고 해보자. 빛은 직진한다고 했으니까 실을 팽팽하게 당기고 있어야 해. 이 빛들이 지금 깜돌이에게 오고 있는 것을 실로 표현한 거야. 그리고 방바닥에는 한이 오빠의 발이 놓여 있을 거니까 한이 오빠의 발에서 출발한 빛은 두 경우 모두 방바닥을 따라서 오게 될 거야. 자, 그럼 봐 봐. 하얀 실과 검은 실 중 어느 것이 방바닥과 더 나란한 것 같니?"

깜돌이는 실을 물고 있어서 조금 부정확한 발음으로 말했어요.

"으음. 멀리 있는 검은 실이 방바닥이랑 좀 더 나란하고 가까이 있는 하얀 실은 방바닥이랑 큰 경사를 이루고 있어."

"맞아. 이제 입 벌려도 돼."

깜돌이는 실을 뱉은 후 지금 누나가 뭘 한 건가 싶어 멀뚱히 쳐다봤어요.

"깜돌아, 만약 검은 모자가 이보다 멀리 있었다면 검은

실은 훨씬 더 방바닥과 나란했을 거야. 정말 정말 멀리 있다면 거의 방바닥과 평행하게 되겠지. 반면에 가까이 있는 하얀 모자에서 오는 빛인 하얀 실은 방바닥과 큰 경사를 이루고 있어. 여기서 방바닥은 한이 오빠의 발로부터 오는 빛이지. 멀리서 검은 모자를 쓰고 서 있는 한이 오빠는 머리끝에서 오는 빛과 발끝에서 오는 빛이 각도 차이가 별로 없이 서로 거의 나란하게 우리 눈에 들어오게 돼. 반면에 가까이에서 하얀 모자를 쓰고 서 있는 한이 오빠는 머리끝에서 오는 빛과 발끝에서 오는 빛이 커다란 각도 차이를 가진 채 우리 눈에 들어오지."

꽁주는 한 번 숨을 고른 후 말을 이어갔어요.

"멀리 있는 한이 오빠의 머리에서 오는 빛과 발에서 오는 빛은 각도 차이가 작게, 거의 평행하게 눈에 들어오므로 이 두 빛은 우리 눈의 입장에서 별로 차이가 없는 빛들이라고 할 수 있어. 머리끝에서 발끝까지의 길이가 한이 오빠의 키가 되는데 머리와 발의 빛 차이가 작기 때문에 한이 오빠의 키는 작게 보이게 되지. 이와 달리 가까이 있는 경우는 한이 오빠의 머리에서 오는 빛과 발에서 오는 빛이 각도 상으로 커다란 차이가 있으므로 우리 눈의 입장에서는 이 둘이 큰 차이가 있는 빛들이 되지. 머리와 발의 빛 차이가 크기 때문에 한이 오빠의 키는 크게 보이는 거야."

깜돌이는 고개를 끄덕이며 말했어요.

"아. 그러니까 멀리 있는 물체는 그 물체로부터 오는 빛들이 서로 거의 평행한 상태로 우리 눈에 들어오기 때문에 각도상 큰 차이가 없다는 거지? 각도상 아주 작은 차이만 있기 때문에 우리 눈도 이 빛들을 비슷하게 처리한다는 거고. 그래서 물체를 이루는 점들 간에 위치상으로 별 차이 없는 작은 물체로 보이게 된다는 거지?"

"맞아. 나는 아무리 큰 물체라도 이 물체가 멀어질수록 이 물체를 이루는 점들에서 오는 빛들이 서로 점점 평행해지는 게 정말 신기해. 이로 인해 그 큰 물체가 작게 보이게 되니까. 역시 과학은 참 재밌다니까!"

그날 저녁에 한이는 꽁주와 밤산책을 나갔어요. 꽁주는 천천히 걸으며 문득 밤하늘을 올려다봤죠. 거기에는 아주 작은 점 같은 별들이 반짝이고 있었어요. 꽁주는 생각했어요. 저 별들은 사실 엄청나게 크다고 들었는데 도대체 얼마나 멀리 있기에 저렇게 작은 점으로만 보이는 걸까? 꽁주는 그 가늠할 수 없는 거리를 상상하며 역시 세상은 신비롭다고 생각했어요.

| 13 |

방향

직각이 새로운 차원을 만드는 각도라고?

　　　　　　한이는 깜돌이와 꽁주를 데리고 옆에 강이 흐르는 공원에 놀러왔어요. 때마침 휴일이 3일이나 이어지는 때라서 많은 가족이 나들이를 나왔어요. 평소 개들을 데리고 산책할 때는 신경 쓸 게 많아요. 자전거가 오면 피해야 하고 개를 무서워하는 사람 옆을 지날 때는 개들을 바짝 당겨서 안심하고 지나갈 수 있게 해야 하지요.

그런데 깜돌이는 공원 산책길을 신나게 걷다가 문득 오늘은 평상시보다 더 쾌적하다는 사실을 깨달았어요. 주변을 살펴보니 사람들이 이 길을 한 방향으로만 걷고 있다는 것을 알았죠.

"응? 사람들이 다 한쪽 방향으로 걷고 있네. 그래서 오늘따라 걷기가 거침없었구나. 반대편에서 오는 사람들과 부딪히지 않으니까. 근데 왜 이런 거지?"

깜돌이 뒤를 따라 천천히 걷던 꽁주가 앞발로 바닥을 가리키며 말했어요.

"깜돌아, 바닥을 봐. 화살표가 그려져 있지? 이건 화살표 방향으로만 움직이라는 표시야. 이걸 일방통행이라고 하는데 사람들끼리 한 약속이지. 이렇게 일방통행으로 걸으면 반대편에서 오는 사람들과 부딪히지 않아서 편하게 걸을 수 있어."

"오! 화살표 좋네. 헤헤. 이렇게 쾌적하게 산책할 수 있게 해주다니."

산책로를 걷다가 이번에는 오른쪽을 향하는 화살표를 만났지요. 깜돌이는 신이 나서 그 방향으로 걸으며 탁 트인 넓은 길을 마음껏 누볐어요. 꽁주도 함께 공원 길을 신나게 뛰어다녔죠. 그 뒤로도 깜돌이와 꽁주는 길에서 만난 새로운 화살표들을 따라다니며 즐거운 산책을 이어갔어요.

산책을 마치고 집에 온 한이는 침대로, 개들은 자기 이불 위로 가서 피곤한 몸을 쉬게 했어요. 다들 많이 돌아다녀서 지쳤거든요. 꽁주는 오늘 산책을 떠올리며 깜돌이에게 말했어요.

"깜돌아, 오늘 산책에서는 화살표가 있어서 재미있었다. 그치?"

"그러게 말이야. 화살표를 따라다니다 보니 어느새 시간이 다 갔어."

꽁주는 몸을 핥으며 몸단장하면서 말했어요.

"참, 그런데 수학에도 화살표가 나온다!"

"수학에도 화살표가 나와? 그럼 수학에서도 그 화살표 때문에 수학이 더 재밌어져?"

"그렇다고 할 수 있어. 화살표는 머리와 꼬리로 이루어져 있지? 꼬리에서 머리로 향하는 방향이 그 화살표가 가리키는 방향이었어. 수학에서는 화살표가 가리키는 '방향'과 화살표의 꼬리부터 머리까지 '길이'가 의미를 가져. 이 '길이'는 '크기'라고도 부르지. '방향'과 '크기', 이 두 요소를 갖는 화살표를 '벡터'라고 부르는데 우리는 그냥 간단히 화살표라고 부르자. 이제 화살표를 통해 재밌는 걸 하나 알아볼까?"

꽁주는 왼팔을 쭉 뻗으면서 한 방향을 가리키며 말했어요.

"내 왼팔이 화살표라고 생각해봐. 손가락 쪽으로 방향

을 가리키는 거지."

그리고 꽁주는 오른팔을 왼팔이 가리키는 방향과 조금 어긋나게, 귀엽게 뻗으며 말했어요.

"이 오른팔도 화살표야. 이처럼 화살표가 두 개 있다면, 그리고 이 두 화살표가 서로 다른 방향을 가리키고 있다면 이 두 화살표의 꼬리를 붙였을 때 두 화살표 사이에는 각도가 만들어져. 이 각도가 두 화살표가 가리키는 방향의 차이를 나타내지. 자, 그럼 여기서 퀴즈! 오른팔 화살표가 어느 방향을 가리킬 때 왼팔 화살표와 가장 이질적인 방향이 될까? 다시 말해 왼팔 화살표의 방향과 성질이 가장 다른 방향을 찾으라는 말이야."

깜돌이는 조금 생각한 후 대답했어요.

"가장 이질적인 방향이라……. 가장 성질이 다른 방향이면 역시 정반대 방향인가?"

깜돌이는 꽁주의 왼팔이 가리키는 방향을 반대로 뒤집은 방향을 앞발로 가리켰어요.

"그것도 일리가 있지만 정답은 아니야. 반대 방향은 결국 정방향에 영향을 끼칠 수 있는 방향이거든. 예를 들어 네가 왼쪽으로 두 걸음 이동했다가 정반대 방향인 오른쪽으로 두 걸음 이동한다면 다시 제자리로 오겠지. 즉 반대 방향으로의 이동은 기존 방향으로의 이동에 영향을 끼칠 수 있으므로 정방향과 반대 방향은 성질이 다르다고 볼 수 없어. 사실 우리가 찾고자 했던 방향은 기존 방향에 전혀 영향을 끼치지 않는 방향이거든."

깜돌이는 알겠다는 듯 고개를 끄덕이며 말했어요.

"기존 방향에 전혀 영향을 끼치지 않는다는 것은 기존 왼팔 화살표가 가리키는 방향으로는 전혀 움직이지 않는다는 거네? 왼팔 화살표와 각도가 조금 틀어진 화살표는 역시 왼쪽 화살표 방향으로 움직이니까. 아, 알았다. 직각삼각형에 있는 직각! 오른팔 화살표가 왼팔 화살표와 직각을 이룬다면 오른팔 화살표의 방향은 왼팔 화살표의 방향으로 전혀 움직이지 않아. 전혀 영향을 끼치지 않지. 맞지?"

꽁주는 두 앞발을 직각으로 귀엽게 뻗으며 말했어요.

"딩동댕! 정답! 두 화살표의 각도가 서로 '직각'이면 두 화살표는 서로 영향을 끼치지 않는 독립된 방향을 가리키게 돼. 직각이 아닌 다른 각도는 서로 어느 정도 겹치는 방향이 있기 때문에 독립적이지 않지. 그래서 직각이 중요한 거야. 기존 화살표가 가리키는 방향에 직각인 방향으로 새로운 화살표가 추가된다면 기존 화살표 입장에

서는 완전히 새로운 차원의 방향이 생기는 거라고 할 수 있거든. 기존 화살표가 이전에는 꿈도 꾸지 못했던 방향이지만 직각 방향의 새로운 화살표와 협력하게 되면서 이 두 화살표는 기존 차원을 한 단계 넘어선 새로운 차원을 표현할 수 있게 돼."

꽁주는 신이 나서 두 팔을 좁혔다 넓혔다 하며 말했어요.

"예를 들어 깜돌이가 하나의 화살표 방향만 존재하는 세계에 살고 있다면 하나의 방향으로만 움직일 수 있겠지. 직선으로 된 실 위에서만 움직이는 느낌이랄까. 1차원이지. 하지만 이 세계에 직각 방향을 가리키는 새로운 화살표가 추가되면 이제 깜돌이는 직선으로만 움직이는 것이 아니라 평면에서 움직일 수 있어.

서로 직각인 두 화살표 크기를 조절해서 조합하면 임의의 각도를 갖는 화살표를 만들 수 있거든. 즉 서로 직각인, 서로 독립적인 두 화살표만 있으면 이들을 조합해서 2차원을 만들 수 있지. 또한 두 화살표만 있던 세계에 또다시 기존 두 화살표 모두에 직각인 방향을 갖는 화살표를 추가하면 3차원 공간에서 움직일 수 있고."

깜돌이는 신기해하면서 말했어요.

"오! 나는 직각이 그냥 단순히 직각삼각형에 있는 하나의 각도라고 생각했는데 알고 보니 차원을 늘리는 키가 되는 각도였네. 신기하다."

"맞아. 그런데 더 신기한 게 뭔지 아니? 이와 같은 작업을 계속 할 수 있다는 거야. 3차원 세계에 다시 세 화살표 모두에 직각인 화살표를 또 추가해서 4차원을 만들고, 또 추가해서 5차원을 만들고. 이런 식으로 계속 추가할 수 있고 차원을 늘려갈 수 있어."

"으잉? 4차원? 5차원? 그게 뭐야? 상상이 안 되는데? 3차원은 우리가 사는 공간이니까 받아들일 수 있지만 4차원?"

"그렇지? 상상이 안 가지? 괜찮아. 그게 정상이니까. 우리 머릿속으로는 떠올릴 수 없지만 수학적 세계에서는 이처럼 차원을 추가하면서 그 세계를 구축하는 것이 가능해. 이처럼 벡터의 세계에서 직각은 차원과 관계된 아주 중요한 개념이야. 차원에서 직각은 도형에 나오는 각도를 뛰어넘는 개념이 되지."

"오! 멋져! 직각이 그렇게 멋진 녀석이었다니! 신기해!"

꽁주는 웃으며 말했어요.

"맞아! 참, 신기하다. 그치? 이처럼 수학은 기존에 알고 있다고 생각했던 개념을 더 멋진 새로운 개념으로 보여주기 때문에 재밌는 것 같아!"

다음 날 한이 형과 산책 나온 깜돌이는 앞으로 쭉 걷다가 잠시 멈춘 후 직각 방향으로 한번 걸어보았어요. 방금 자신이 새로운 차원을 걸었다고 생각하니 묘한 기분이 들었죠. 다음에는 점프를 해볼까 하고 생각하며 깜돌이는 즐거운 산책을 이어나갔어요.

| 14 |

지구의 자전

우리는 왜
회전을 느끼지 못할까?

산책에서 돌아온 깜돌이의 기분이 안 좋아 보였어요. 평소와 다른 깜돌이가 의아했던 꽁주는 물어봤어요.

"깜돌아, 왜 그래? 기분이 별로인 것 같은데. 밖에서 무슨 일 있었어?"

깜돌이는 씩씩거리며 말했어요.

"아니, 오늘 산책하다가 아파트에서 고양이를 만났거든. 보통은 내가 으르렁거리면 고양이가 도망가거든. 그런데 그 고양이는 내가 짖어도 가만히 있는 거야. 그리고 나를 보며 비웃더니 몸을 크게 부풀리면서 도발하는 거 있지. 아, 다시 생각해도 화나. 감히 나를 우습게 여기다니."

꽁주는 작게 웃으며 말했어요.

"아, 그랬구나. 어쩌면 그 고양이는 네가 줄에 묶여 있는 걸 알고 있었을지도 몰라. 그래서 도발해도 덤빌 수 없다는 걸 알고는 당당할 수 있었던 거지. 이건 어디까지나 내 추측이지만."

깜돌이는 벌떡 일어나며 말했어요.

"그래 맞아. 나도 한이 형이 줄만 묶지 않으면 마음껏 밖을 돌아다닐 수 있을 텐데. 고양이 따위에게 무시당하지 않고 말이야."

"응. 그렇지만 밖에는 생각보다 위험한 것들이 많아. 한이 오빠가 줄로 잡아주기 때문에 우리가 안전하게 밖에서 돌아다닐 수 있거든."

"나도 알지만 그래도 때로는 줄에서 벗어나고 싶다고!"

"아! 깜돌아, 그럼 오늘은 중력에 대해 좀 더 알아볼까? 중력 기억하지? 저번에 달에 대해 이야기하면서 중력에 대해 알아봤잖아?"

"응! 기억하지. 지구가 달을 당기는 힘이 중력이잖아. 그리고 이 중력 때문에 달이 지구를 중심으로 회전하고 있는 거고."

"그래! 잘 기억하고 있구나. 그리고 지구는 사실 달뿐만 아니라 우리 개들과 한이 오빠도 당기고 있다고 말했 잖아. 그래서 우리는 점프를 해도 다시 땅으로 떨어진다 고. 그치?"

"기억해!"

"더 정확히 말하면, 지구가 나를 당기고 나도 지구를 당 기지만, 오늘은 이것보다 더 재밌는 이야기를 해보려고 해. 사실 우리 지구는 팽이처럼 회전하고 있다는 거야. 하 루에 한 바퀴를 회전하지."

"지구가 회전하고 있어? 우리가 밟고 있는 이 땅이 사 실 회전하고 있다고?"

꽁주는 몸을 한 바퀴 휙 돌리면서 말했어요.

"응. 신기하지? 지구가 하루에 한 바퀴 회전하는 것을 지구의 '자전'이라고 말해. 즉 땅의 회전에 의해 우리는 땅과 함께 움직이고 있는 거지. 게다가 빠르기도 굉장해. 우리가 가만히 서 있더라도 사실 우리는 개가 달리는 빠 르기보다 대략 40배는 빠르게 움직이고 있거든. 음, 그 런데 뭔가 이상하지 않아? 이렇게 빠르게 움직이고 있는 데 왜 우리는 회전을 느낄 수 없을까?"

깜돌이는 두 앞발로 턱받침을 하면서 말했어요.

"우리가 그렇게 빠르게 움직이고 있다고? 이렇게 편하게

누워 있어도? 그런데 왜 느끼지 못하지? 회전하고 있다는 것을 전혀 알지 못하잖아. 진짜 이상하네. 왜 그렇지?"

꽁주가 웃으며 말했어요.

"만약에 한이 오빠가 우리 몸에 안전한 스펀지 장치를 설치한 다음에 발에 줄을 묶고 넓고 푹신한 잔디밭 위에서 우리를 빙글빙글 돌린다고 상상해보자. 그러면 우리는 발아래로 한이 오빠가 줄을 당기는 힘을 느끼며 회전하게 될 거야. 그리고 바람이 우리의 얼굴과 몸을 빠르게 스쳐지나가겠지? 그러니까 이처럼 우리가 회전하고 있다는 것을 느낀다면 우리 발아래로 향하는 힘을 느껴야 하고, 공기가 우리를 스쳐지나가는 것을 느껴야 해. 맞지?"

깜돌이는 고개를 끄덕이며 말했어요.

"응. 알겠어. 그 두 개를 느끼면 우리가 회전하고 있을 수 있다는 거네. 음, 그럼 하나는 지금 느끼고 있어. 우리가 점프했을 때 다시 아래로 떨어지니까 지구가 우리를 아래로 당기는 힘인 중력은 계속 작용하고 있는 거지. 또는 가만히 서 있더라도 지구가 우리를 아래로 당기는 작용에 대한 반작용으로 땅이 우리를 위로 미는 촉각을 발바닥으로 느끼니까 확실히 중력은 있네. 그럼 다른 하나가 의문이네. 왜 공기가 우리를 스쳐지나가는 것을 느끼지 못하는 거야? 우리가 그렇게 빠르게 움직이고 있다면 바람이 엄청 빠르게 우리를 지나가야 하잖아?"

꽁주는 몸을 똑바로 고쳐 앉은 후 깜돌이에게 작게 속삭였어요.

"깜돌아 놀라지 마. 사실 지구의 공기도 우리와 함께 회전하고 있어. 공기도 똑같이 우리와 함께 움직이고 있기 때문에 바람이 느껴지지 않는 거야."

"우와! 진짜? 공기도 회전하고 있는 거였어?"

"응. 그래서 공기가 우리를 스쳐지나가는 것을 느낄 수 없고, 단지 발아래로 당겨지는 중력만 느끼지만 사실 우리는 회전을 하고 있어. 참 신기하지?"

"이렇게 누워 있으면 아무 일도 없이 평온한 것 같은데 사실 우리가 그렇게 빨리 회전하면서 움직이고 있다는 게 정말 신기해. 세상은 정말 보이는 게 전부가 아니구나. 과학은 언제나 세상을 새로운 모습으로 보여주네."

"그래. 게다가 사실 지구는 자전 말고도 공전이라는 것도 하고 있어. 하지만 오늘은 자전만 알아봐도 충분한 것 같아. 사실 중력은 우리를 구속하는 힘이야. 지구에서 벗어나기 힘들게 하지. 하지만 중력이 없으면 우리는 우주로 튕겨 나가버렸을 거야. 중력 덕분에 우리는 이렇게 지구에서 맛있는 것을 먹으며 우주로 튕겨 나가지 않고 안전하게 살 수 있지. 한이 오빠와 우리를 잇는 줄도 마찬가지야. 조금 답답하겠지만 우리 개한테는 인간 세상에서 살 때 꼭 필요한 안전 도구이거든."

"응. 알겠어. 그런 거라면 고양이한테 조금 놀림받더라도 줄을 하고 산책하는 것을 감당할게."

"그래. 대신 가끔은 개 전용 운동장에 한이 오빠가 우리를 풀어주기도 하니까 그때 신나게 뛰어놀자!"

깜돌이는 씩씩하게 대답했어요.

"응! 좋아!"

이진법

**단순하면
가치가 없을까?**

깜돌이는 요즘 조금 우울해 보였어요. 이를 이상하게 여긴 꽁주는 깜돌이에게 물어봤죠.

"깜돌아, 요즘 무슨 고민 있어? 너답지 않게 기분이 가라앉아 있네."

깜돌이는 이불을 앞발로 긁으며 말했어요.

"응. 누나. 사실 요즘 내 견생에 대해 생각하고 있어. 정말 이대로 괜찮은 걸까 하고. 누나, 나는 그냥 맛있는 밥 먹는 게 좋고 밖에 나가 산책하면 좋거든. 이전에는 밥이랑 산책만 있으면 행복하다고 생각했어. 그런데 정말 이게 맞는 걸까? 나란 존재는 너무 단순한 것 같아. 나도 누나처럼 지적 호기심이 많아서 수학도 공부하고 과학도 알아야 하는 거 아닐까? 요즘 이렇게 단순하기만 한 내가 좀 한심해 보여."

꽁주는 깜돌이의 말을 듣고 조금 생각하더니 천천히 말했어요.

"깜돌아, 네가 너의 견생에 대해 생각하기 시작한 건 좋은 일이야. 이제 어른이 되어가는 거라고 할 수 있어. 사실 이런 때는 다른 개의 조언이 별로 도움이 되지 않을 거야. 결국 스스로 생각해야 하거든. 하지만 단순하다는 것을 나쁘게만 봐야 하는지에 대해서는 같이 생각해볼 수 있겠다."

꽁주는 한이 오빠의 책상 위를 가리키며 말했어요.

"저거 보이지? 한이 오빠 책상 위에 있는 저게 컴퓨터라는 거야. 한이 오빠가 매일 저 컴퓨터를 사용하잖아? 사람이 하기 힘든 복잡한 작업을 아주 빠르게 처리해주는 기계야. 우리가 상상하기 힘들 정도로 어려운 계산을 순식간에 해낼 수 있지. 게다가 컴퓨터는 굉장히 다양한 일들을 할 수 있어."

"오! 저게 그렇게 대단한 거였어? 전혀 몰랐어."

깜돌이는 고개를 끄덕이며 말했어요.

꽁주는 다가가서 깜돌이 옆에 앉으며 말했어요.

"그런데 이렇게 만능에 가까운 컴퓨터가 사실 그 근본

에서는 0과 1이라는 아주 단순한 숫자 두 개만 아는 기계라면 믿을 수 있겠니?"

"잉? 엄청 복잡한 계산을 해낼 수 있는데 0과 1밖에 모른다고? 그게 가능해?"

"지금부터 그게 어떻게 가능한지 알아보자. 컴퓨터가 0과 1만 안다는 말은 사실 전구가 켜졌다 꺼졌다만 안다는 말과 같아. 스위치를 누르면 불이 켜지고, 스위치에서 손을 떼면 불이 꺼지는 거지. 컴퓨터는 전기라는 에너지를 사용해서 작동하는데 이 전기는 컴퓨터 내부에 있는 수많은 장치를 각각 켜고 끄는 데 사용되지. 어떤 장치가 켜지면 1이고 꺼지면 0이 된다고 볼 수 있어. 자, 우리 가장 간단한 것부터 해볼까? 1 더하기 1은 얼마지?"

"1 더하기 1은 당연히 2지."

"맞아. 그런데 그건 우리가 2라는 숫자를 알기 때문에 그렇게 말할 수 있는 거야. 컴퓨터는 2라는 숫자를 모르거든. 오직 0과 1만 알지. 그래서 컴퓨터에게 1 더하기 1은 10이 돼. 우리가 하는 계산에서 1+9=10이 되는 것은 9 다음 숫자가 없기 때문이야. 그래서 자릿수를 높여서 10으로 표현하는 거지. 마찬가지로 컴퓨터도 1 다음 숫자가 없어서 자릿수를 높여 1+1=10으로 표현해."

"오, 알겠어."

"그래서 컴퓨터는 0+0=0, 0+1=1, 1+0=1, 1+1=10으로 계산하지. 그런데 뭔가 이상하지 않아? 컴퓨터는 오직 0과 1밖에 모른다고 했잖아? 그런데 컴퓨터가 어떻게 '더하기'라는 작업을 해낼 수 있을까? 컴퓨터는 더하기라는 것이 뭔지 모르거든. 0과 1만 아니까."

"응? 그러네. 그럼 더하기가 뭔지 가르쳐줘야 하나?"

"비슷해. 하지만 컴퓨터는 0과 1만 아니까 더하기가 뭔지는 역시 알 수 없어. 하지만 컴퓨터 내부 장치들의 연결을 조절함으로써 우리가 원하는 결과를 출력하게 할 수는 있지. 즉 컴퓨터에 두 개의 숫자를 입력했을 때 우리가 원하는 숫자가 나오게 만드는 거야.

0과 0이 입력되면 출력으로는 0이 나오고, 0과 1이 입력되면 출력으로 1이 나오고, 1과 0이 입력돼도 출력으로 1이 나오고, 1과 1이 입력되면 출력으로 10이 나오도록 장치를 구성하는 거지. 그러면 우리는 이 장치를 덧셈 장치라고 부를 수 있어. 이렇게 하면 비록 컴퓨터는 덧셈이 뭔지 모르더라도 우리가 원하는 덧셈이라는 계산을 해주는 거거든."

"아, 그럼 그렇게 구성된 컴퓨터는 비록 덧셈이 뭔지

몰라도 덧셈을 하고 있는 거네."

"그렇지. 바로 이거야. 컴퓨터의 세계에서는 단지 켜졌다 꺼졌다일 뿐이지만 우리가 그 켜짐과 꺼짐에 의미를 부여하는 거지. 즉 컴퓨터의 세계는 단순하지만 그 단순함에 인간의 의도가 들어가면 컴퓨터의 세계도 인간 세계와 연결되면서 의미 있는 작업을 할 수 있게 되지.

이처럼 처음에는 간단한 계산인 덧셈이라는 의미를 컴퓨터에게 넣어줬지만, 컴퓨터 내부의 여러 장치와 그들의 연결을 필요에 맞게 구성함으로써 인간에게 필요한 더 복잡한 계산 역시 컴퓨터가 해낼 수 있게 돼. 덧셈, 뺄셈, 곱셈, 나눗셈 그리고 이들을 넘어서는 고급 계산을 말이야.

그리고 이러한 계산은 아무리 복잡하더라도 컴퓨터는 인간보다 훨씬 빠르게 할 수 있지. 이처럼 인간 세상에 있는 다양한 의미들을 컴퓨터에게 넣어줌으로써 컴퓨터는 우리를 위해 다양한 작업을 빠르게 해줄 수 있어. 비록 컴퓨터의 근본에서는 0과 1밖에 모르더라도."

"신기하다. 0과 1밖에 모른다는 것은 정말로 단순하다는 건데 이 단순함이 '의미'를 만나서 가치 있는 것으로 바뀌는 거네."

"맞아. 컴퓨터는 0과 1밖에 모르지만 이제 인공지능이라는 것이 개발되면서 컴퓨터는 스스로 생각하는 단계까지 왔을지도 몰라. 인간보다 똑똑하게 생각할 수 있게 된 거지. 하지만 이 인공지능 역시 0과 1밖에 모르는 컴퓨터가 인간 세상에 있는 의미를 폭넓게 학습하면서 의미의 세계를 구축했기 때문에 '생각한다'라고 말할 수 있는 거거든.

음, 그러니까 내가 하고 싶은 말은 단순하다는 것은 나쁜 것이 아니야. 깜돌이 네가 먹고 싶어 하고 자고 싶어 하고 뛰고 싶어 하는 아주 단순한 욕구로 살더라도 그것을 보고 나쁘다고 할 수는 없어. 너의 생명에게 의미가 있는 행위들이니까. 가장 단순한 것에 의미를 부여한 것이 시작점이 되어 지금의 다재다능한 컴퓨터가 된 것처럼 그것이 아무리 단순하더라도 의미가 담겨 있다면 가치 있는 일이라고 난 생각해."

"오! 그럼 나 지금처럼 맛있는 거 먹고 신나게 산책해도 되는 거지? 아무리 단순해도 이건 적어도 댕댕이의 삶에 의미 있고 가치 있는 거니까."

꽁주가 웃으며 말했어요.

"그래. 그리고 우리가 잘 먹고 잘 놀수록 우릴 보는 한이 오빠는 더 행복해지거든. 우리는 그저 단순하게 노는 것뿐이지만 이것이 한이 오빠에게는 큰 의미를 줄 거야. 그러니까 앞으로도 신나게 놀자!"

16 중첩

소리는 서로 섞이지 않는다고?

오늘은 날씨가 굉장히 매서웠어요. 하늘에서 많은 비가 쏟아졌고 간혹 번개가 쳤지요. 깜돌이와 꽁주는 천둥소리를 무서워했어요. 그래서 천둥소리가 들리면 얼른 한이한테 갔어요. 그러면 한이는 잔잔한 음악을 틀어주었죠. 그리고 자신을 쳐다보는 깜돌이와 꽁주를 어루만지면서 무서워하지 말라고 했어요. 다행히 시간이 지나 비는 그쳤고 햇님이 나오는 맑은 하늘이 되었어요. 한이는 아이들을 데리고 비가 내린 후 상쾌해진 공기를 마시며 즐거운 산책을 했어요.

산책 후 집에 들어온 깜돌이는 한결 가벼워진 기분으로 말했어요.

"아, 산책 갔다 오니까 살 것 같다. 아까는 하늘에서 이상한 소리가 들려서 정말 무서웠어. 우르르 쾅쾅이라니!"

목이 말랐는지 꽁주는 물을 벌컥벌컥 마신 후 말했어요.

"아, 좋다. 역시 산책한 다음 먹는 물이 최고야. 천둥소리는 도무지 적응이 안 돼. 나도 너무 무섭더라. 그래도 한이 오빠가 편안한 음악을 들려주고 우리를 쓰다듬으면서 괜찮다고 해줘서 안심이 됐어."

깜돌이도 고개를 끄덕이며 말했어요.

"맞아. 천둥소리가 들릴 때는 음악이랑 한이 형 목소리를 들어야 마음이 놓여."

꽁주는 자기 이불 위에 엎드리며 말했어요.

"그런데 좀 이상하지 않아? 우리가 음악 소리랑 한이 오빠의 목소리를 동시에 들을 수 있다는 것이 말이야."

"그게 뭐가 이상해? 우리는 냄새도 여러 냄새를 한꺼번에 맡을 수 있는걸."

"그래. 냄새처럼 소리도 여러 소리를 한 번에 들을 수 있다는 것이 어쩌면 당연할지 모르겠다. 그런데 어딘가에서 발생한 소리랑 냄새는 전혀 다른 방식으로 이동해서 우리에게 도달해. 냄새는 입자라고 불리는 그 냄새를 가진 아주 작은 물체가 멀리서부터 바람에 날려 직접 이동해서 우리 코에 들어와 냄새를 맡게 되지만 소리는 달

라. 소리는 그 소리를 가진 물체가 직접 이동하는 게 아니거든."

깜돌이가 고개를 갸웃하며 말했어요.

"으잉? 그럼 소리는 뭐가 이동하는 건데?"

꽁주는 빠르게 발을 여러 번 좌우로 흔들며 말했어요.

"공기의 반복적인 흔들림! 이것을 진동이라고 해. 우리는 공기로 둘러싸여 있어. 어딘가에서 발생한 공기의 진동은 옆에 있는 공기를 흔들고, 흔들린 공기는 또다시 옆에 있는 공기를 흔들지. 이렇게 흔들림이 계속 주변 공기로 전달되면서 흔들림이 이동해. 이 흔들림이 우리 귀까지 이동해서 귀 속 고막을 흔들면 우리는 그것을 소리로 듣게 되지. 즉 저 멀리 있던 공기 자체가 이동하는 것이 아니라 저 멀리 있는 공기는 그대로 거기에 있는데 단지 공기의 흔들림인 진동이 이동하는 것뿐이야. 이것을 에너지가 이동한다고 표현하기도 해"

"아, 그렇구나. 그럼 냄새랑 소리는 전달되는 방식이 완전히 다른 거네. 냄새는 그 냄새를 가진 작은 물체가 직접 이동하는 거고 소리는 단지 공기의 흔들림이 이동하는 거니까. 응? 그런데 여러 소리를 한 번에 듣는 게 뭐가 이상하다는 거야?"

"A라는 냄새를 가진 입자와 B라는 냄새를 가진 입자가 바람을 타고 이동해서 우리 코로 들어와 두 냄새를 모두 맡는 거니까 이건 문제가 없어. 그런데 소리는 다르지.

어딘가에서 발생한 A라는 소리와 또 다른 어딘가에서 발생한 B라는 소리는 공기가 직접 이동하는 게 아니라 공기를 흔드는 에너지가 이동하는 거잖아. 그러면 우리 귀 근처에 왔을 때 우리 귀 근처의 공기를 A도 흔들고 B도 흔드는 거지. 즉 둘 다 같은 공기를 흔드는 거야. 그런데 이렇게 되면 같은 공기 속 두 흔들림이 섞이지 않을까?"

"듣고 보니 그러네. 그럼 소리가 섞이는 건가?"

"이 점이 정말 신기한데 만약 두 흔들림이 각기 이동하다가 서로 만나면 각자의 흔들림을 잃어버리면서 섞이는 것이 아니라, 마치 더하기 빼기처럼 그저 단순하게 두 흔들림의 크기가 합쳐지게 돼. 이것을 '중첩의 원리'라고 불러. 그리고 만약 서로 만났던 그 자리를 떠나게 된다면 다시 각기 고유의 흔들림으로 이동하지. 즉 서로 만났던 그 공기를 통과해서 각자의 길을 다시 간다면 A는 A대로, B는 B대로 다시 각자의 흔들림을 유지하며 에너지가 이동해. 그러니까 두 흔들림이 충돌하면서 각자의 개성을 잃는 게 아니라 여전히 각 개성은 유지하되 단지 만난 곳에서 그 흔들림의 크기만 합해진다고 볼 수 있어."

"오! 정말 신기한데."

"이렇게 두 소리가 같은 공기를 흔들면서 두 흔들림이 합해지더라도 섞이면서 각자의 개성을 잃지 않는다는 것이 중요해. 각자의 개성이 살아 있기 때문에 두 소리가 합해진 소리를 우리가 한 번에 들어도, 우리 귀와 뇌는 합해져 들어온 이 두 소리를 다시 분리하는 작업을 할 수 있거든. 각자의 개성대로 분리하는 거지.

바로 이것이 우리가 여러 소리를 한 번에 들어도 각 소리를 구분할 수 있는 이유야. 그래서 악기 소리와 노랫소리가 한 번에 들어와도 악기는 악기대로 노래는 노래대로 들을 수 있지."

"그렇구나. 그래서 음악이랑 한이 형 목소리를 함께 들을 수 있는 거였어. 각 소리가 만나더라도 개성을 유지해 줘서 좋네. 이로 인해 좋은 소리들을 모두 같이 들을 수 있으니까!"

한이는 컴퓨터로 오늘의 플레이리스트를 고르고 있었죠. 집이 너무 조용한 것보다 음악이 흘러나오면 개도 덜 심심할 것 같아서 한이는 매일 음악 리스트를 새로 만들어요. 어제는 발라드를 들었으니 오늘은 클래식 음악을 틀기로 했어요. 감미로운 연주 소리를 들으며 한이는 개들 옆에 앉아 머리를 쓰다듬어 주었답니다.

| 17 |

허수

상상으로 만든 세계가 쓸모가 있다고?

이른 아침에 갠 꽁주는 깜짝 놀랄 광경을 보았어요. 깜돌이가 책을 읽고 있는 게 아니겠어요? 평소 뛰어다니는 걸 좋아하고 책은 멀리했던 깜돌이가 이렇게 아침부터 책을 보고 있다니! 그런 깜돌이가 신기했던 꽁주는 깜돌이 옆에 가서 앉으며 말했어요.

"깜돌아, 잠은 잘 잤어? 지금 무슨 책 읽고 있어?"

"아, 누나! 일어났어? 나 요즘 소설책 읽고 있거든. 며칠 전부터 아침마다 읽기 시작했는데 이 책은 이제 거의 다 읽어가. 누나, 난 소설이 이렇게 흥미진진한 건지 몰랐거든. 그런데 정말정말 재밌어. 이게 벌써 5권째야."

"우와, 멋지다. 깜돌이는 소설을 좋아하는구나. 난 소설은 거의 읽은 적이 없어."

"누나는 대신에 과학책을 읽잖아. 소설에 비하면 과학이 도움도 되고 쓸모가 있으니까 누나가 더 멋지고 대단하지. 소설은 쓸모가 없잖아. 그저 가짜 이야기일 뿐이니까. 그런데 정말 재미는 있어. 시간을 잊어버릴 만큼."

꽁주는 잠시 깜돌이가 읽고 있던 책을 쳐다본 후 말했어요.

"난 소설에 대해 잘 알지는 못하지만 소설이 가짜 이야기이고 허구라고 해도 쓸모없지는 않을 것 같아. 어쩌면 현실적인 과학보다 더 현실적이고 쓸모 있는 게 소설일 수도 있어. 마치 수학에 나오는 '허수'처럼 말이야."

"허수? 허수가 뭐야?"

"허수는 가짜수라고 할 수 있어. 상상으로 만든 수라고 할 수 있지. 이전에 우리 양수와 음수에 대해서 알아봤잖아. 다시 한번 짚어보자면 +1이 양수, -1이 음수지. 사과가 1개 있다면 +1이고 깜돌이가 나에게 갚아야 하는 빚이 사과 1개라면 -1이라고 할 수 있지.

양수와 음수는 '실수'라고 말해. 실수에는 사실 여러 종류가 있지만 우리는 단순히 +1, -1 같은 수를 실수라고 해보자. 그리고 이전에 양수와 음수의 곱에 대해서도 알아봤어. 수학 세계의 법칙을 일관성 있게 유지하기 위해 양수 곱하기 음수는 음수가 됐지. 2×(-5) = (-10)처럼 말이야. 마찬가지 원리로 음수 곱하기 음수는 양수가 돼. (-1)×(-1) = (+1)이 되지."

깜돌이는 고개를 끄떡이며 말했어요.

"응. 기억나."

꽁주는 재밌는 걸 말할 때의 눈빛으로 말을 이어갔어요.

"같은 수끼리 곱하는 걸 제곱이라고 표현하거든. 위 예에서는 -1을 제곱하니까 +1이 되었다고 할 수 있어. 또한 (+1)×(+1) = (+1)이니까 +1의 제곱은 +1이지. -3의 제곱은 +9이고, 5의 제곱은 25야. 그러니까 양수의 제곱도, 음수의 제곱도 모두 결과는 양수가 나오게 돼. 맞지?"

"응. 나 완전 잘 따라가고 있어."

"이렇게 어떤 수를 제곱하면 당연히 양수가 되는 것이 기존 수학 세계의 상식이야. 그런데 수학을 연구하다 보니까 제곱을 해서 음수가 되는 수를 떠올리게 된 거야. 즉 어떤 수가 있는데 이 수를 제곱하니까 신기하게도 -1이 되는 수를 상상해본 거야. 그리고 이 수를 이미지너리 넘버 *imaginary number*. 상상의 수, 허수(i)라고 이름 붙인 거지."

"오! 그러니까 허수는 기존 수 세계에는 없던 수인데 새롭게 상상으로 만든 수라는 거네. 그런데 상상으로 만든 수가 무슨 쓸모가 있어? 그건 실수와는 다르게 그저 허구로 만든 가짜 수잖아?"

"그렇지. 일반적으로 생각하면 쓸모가 없을 것 같아. 그런데 신기하게도 허수는 상상의 수지만 굉장한 쓸모를 갖고 있어. 예를 들면 어떤 문제가 주어졌을 때 오직 실수만 사용해서 답을 구하려면 굉장히 어려운 길을 가야 하는 경우가 있어.

그런데 실수의 세계에서 잠시 벗어나 허수의 세계로 우회해서 돌아가면 쉽게 해답을 얻는 경우가 있거든. 이때만큼은 허수가 만든 상상의 도로가, 엄청나게 복잡하게 꼬여 있는 실제 도로를 편하게 가로지를 수 있는 다리 역할을 한다고 볼 수 있어. 가짜지만 가짜가 아니고, 어쩌면 진짜보다 더 진짜 같은 수가 되는 거지. 허수는 수학의 세계에서 큰 도움이 되기 때문에 지금은 실수의 세계와 허수의 세계를 합친 수의 세계를 일반적으로 사용하고 있어."

"와. 상상의 수가 단지 상상의 수가 아닌 거네. 실제 세계와 합쳐지기까지 하고. 실제 수보다 더 쓸모 있을 수도 있다는 것이 신기하다."

"맞아. 아마 네가 읽던 소설도 마찬가지일 거야. 소설은 허구지만 읽는 사람에게 끼치는 영향은 허구가 아닐 수 있지. 읽을 때만큼은 완전히 그 세계에 빠져들잖아. 그 세계에 완전히 몰입하게 되지. 그 몰입 속에서 독자는 현실 세계에서 깨닫지 못한 것을 알게 될 수도 있고 소설을 통해서 행복을 느낄 수도 있지. 비록 그것이 가짜 이야기더라도 우리는 그것에서 실질적인 무언가를 얻는다고 할 수 있어.

이런 점에서 보면 소설도 마치 수학의 허수 같아. 둘 다 상상으로 만든 세계인데 단지 상상만으로 그치는 것이 아니라 우리 현실 세계에 포용되면서 쓸모 있는 존재가 된다는 것이 말이야."

"정말 그래. 나는 소설을 읽을 때 정말 재밌다고 느끼거든. 그 재미가 나를 행복하게 해주고 이 행복이 하루를 보람 있게 살게 해주는 힘이 돼. 난 소설이 정말 좋아!"

"그래. 깜돌이가 소설을 좋아하는 만큼 난 과학이 좋아. 우리 둘 다 좋아하는 걸로 행복해져보자!"

자석

길이가 줄어들어서
서로 끌어당기는 거라고?

오후가 되자 깜돌이는 심심해졌어요. 산책을 가려면 아직 한참 남았는데 뭐 할게 없나 하고 방을 두리번거렸어요. 그러다 외출할 때 입는 옷에 붙어 있던 똑딱이를 발견했죠. 한이 형이 옷을 입혀줄 때 이 똑딱이가 서로 탁하고 붙는 게 신기했거든요. 깜돌이는 씩 하고 웃고는 오늘은 이 똑딱이를 갖고 놀아야지 하고 생각했어요.

똑딱이는 정말 신기했어요. 서로 떨어져 있다가 가까이 놓으면 서로 찰싹 붙어버리거든요. 어디서 이렇게 붙는 힘이 생기는 건지 모르지만 이 똑딱이 덕분에 실로 꿰매지 않아도 옷의 천끼리 연결할 수 있어요. 깜돌이가 뗐다 붙였다 놀이를 하자 옆에 있던 꽁주가 말했어요.

"깜돌아, 너 뭐하고 있어? 아! 자석 놀이하고 있구나!"

"자석? 아! 이 똑딱이를 자석이라고 부르는구나. 누나, 이거 엄청 신기하고 재밌어. 이렇게 놓으면 서로 탁하고 붙어버린다. 그런데 이렇게 하나를 뒤집잖아? 그러면 이제는 서로를 밀어내. 이렇게 가까이 놓으면 오히려 튕겨 나가지? 오! 재밌어!"

꽁주는 웃으며 말했어요.

"진짜 신기하다. 놓는 방향에 따라 붙을 때도 있고 밀어낼 때도 있네. 참! 깜돌아, 자석은 입으로 갖고 놀면 안 되는 거 알지? 삼키면 위험해. 다행히 옷에 있는 자석이라 그럴 리 없겠지만 발로만 갖고 놀아. 음, 그런데 자석이 왜 그렇게 되는지 궁금하지 않아?"

"궁금해. 궁금해. 왜 그런 거야?"

"그걸 알려면 우선 전기에 대해 알아야 해. 한이 형 책상에 있는 노트북에 연결된 선 보이지? 저게 전선이라는 건데 전기가 움직이는 선이라는 의미야. 보통 전기는 이렇게 전선을 통해 이동하는데 전기는 컴퓨터가 작동할 수 있게 해주고 형광등이 빛을 내뿜을 수 있게 해줘. 한마디로 전기는 기계에 에너지를 공급해줘서 그 기계가 힘을 내고 일을 할 수 있게 해주지."

"와. 전기는 꽤 만능이네. 이런저런 여러 가지 일을 할 수 있으니까."

"맞아. 전기에 대해 더 알아보기 위해 전선 속 굉장히 작은 세계를 들여다볼까? 그러면 전기라는 에너지를 내는 것에는 두 요소가 있다는 것을 알 수 있어. 이 두 요소에게 각각 '+전하'와 '-전하'라는 이름을 붙여줬지. 재밌는 건 이 요소들이 가진 성질인데, 서로 같은 종류끼리는 밀어내고, 다른 종류끼리는 끌어당기는 성질을 갖고 있어. 그러니까 +전하와 +전하는 서로 밀어내고, -전하와 -전하는 서로 밀어내지. 그런데 +전하와 -전하는 서로 끌어당겨."

"아, 같은 것끼리는 같이 있기 싫어하고, 다른 것끼리는 서로 같이 있고 싶어 한다는 거네."

"그렇지. 그리고 어떤 물체 속에 +전하보다 -전하가 더 많으면 그 물체는 -로 대전되어 있다고 말해. 반대로 어떤 물체 속에 +전하가 -전하보다 많으면 그 물체는 +로 대전되어 있다고 말하지. 그리고 서로 대전된 전하의 상태가 다른 물체끼리는 끌어당기고, 서로 대전된 전하의 상태가 같다면 그 물체끼리는 서로 밀어내게 돼. 어떤 물체 속에 +전하와 -전하가 같은 수만큼 있다면 이 물체는 전기적으로 중성이라고 표현해. 중성인 물체끼리는 서로 끌어당기지도 밀어내지도 않지. 하지만 재밌겠도 대전된 물체는 중성인 물체를 끌어당길 수 있어."

"응. 알겠어. 그런데 우리 자석에 대해 알고 싶어 했잖아? 자석이랑 전기랑 무슨 상관이 있어?"

"자석끼리 서로 당기고 밀어내는 것이 결국 전기적 힘이거든. 그래서 전기에 대해 먼저 알 필요가 있어. 그리고 무엇보다 전기 에너지를 나르는 전선에 대해 알 필요가 있지."

"오, 좋아. 그럼 전선도 중성이야?"

"응. 전선 속에는 +전하와 −전하가 같은 수만큼 들어있어서 전선 밖에서 볼 때 그 전선은 중성이라고 할 수 있어. 그래서 두 전선을 나란히 두면 각 전선은 중성이기 때문에 서로 끌어당기지도 밀어내지도 않지. 그런데 기계에 전기 에너지가 공급될 때는 전선 안 +전하는 가만히 있고 −전하가 움직여. 이때 움직이는 −전하를 '전자'라고 부르는데 이 전자가 전기 에너지를 운반하는 핵심이라고 할 수 있어. 이 전자의 이동, 흐름을 전류라고 불러. 물론 전자가 움직인다고 해도 그 전선 자체는 여전히 중성인 상태야.

하지만 두 전선을 나란히 두었을 때 이 두 전선에 흐르는 전기가 같은 방향으로 흐른다면 두 전선은 서로 끌어당겨. 그리고 이 두 전선에 흐르는 전기가 서로 반대 방향으로 흐른다면 이번에는 두 전선이 서로 밀어내. 마치 자석 같지? 두 전선은 각각 전기가 흐르더라도 중성이기 때문에 이렇게 서로 끌어당기고 서로 밀어내는 것은 오직 전기적 힘의 결과라고는 할 수 없어. 무언가 다른 효과가 있는 거지. 그게 뭘까?"

"음. 모르겠어."

"우리 저번에 모두에게 절대적으로 같을 것 같던 시간이 서로 다르게 흐를 수 있다고 했던 것 기억나? 상대적으로 다른 빠르기로 움직이는 너와 나의 시간이 다르게 흐른다고 했잖아? 빛의 빠르기가 둘 모두에게 똑같아야 하기 때문에 말이야. 광속 불변의 원리 때문에 우리가 절대적일 거라 생각했던 시간과 공간이 관찰자에 따라 달라질 수 있다고 했지?"

"오! 기억나. 그거 진짜 신기했어."

"응. 어떤 관찰자에 대해 상대적으로 움직이는 다른 관찰자는 시간이 느리게 갈 수 있고, 길이가 줄어들 수 있어. 이것을 '상대성이론'이라고 하는데, 그때 우리는 시간에 대해 더 관심을 기울였지만 지금은 길이가 줄어든다는 것이 필요한 포인트야.

음, 강물 위에 두 다리가 나란히 놓인 경우를 살펴보자. 이 다리에는 가로등들이 일정 간격으로 놓여 있어. 그리고 자동차가 다리를 따라 움직이고 있지. 만약 옆에 놓인 다리에 있는 자동차가 내가 탄 자동차랑 나란히 같은 빠르기로 달린다면 그 자동차는 내가 봤을 때 정지한 것처럼 보일 거야. 나랑 똑같이 나란히 움직이고 있으니까.

그런데 옆에 놓인 다리 자체는 뒤로 가는 것처럼 보이겠지? 이때 재밌는 일이 일어나. 나에 대해 상대적으로 움직이는 물체는 상대성이론에 의해 그 길이가 줄어들거든. 즉 깜돌이는 옆에 놓인 고가다리의 길이가 줄어드는 것을 보게 돼. 다시 말해 옆에 있는 고가다리 도로 위 가로등들이 놓인 간격이 줄어드는 것을 보게 되지."

깜돌이는 놀라며 말했어요.

"우와! 뭐야. 길이가 줄어들어? 신기하다."

꽁주는 두 손바닥 사이의 거리를 좁히면서 말을 이어 갔어요.

"참 신기하지? 이러한 일이 전선에서도 일어나. 지금부터 하는 말은 조금 어려울 수도 있어. 그래도 차근차근 나아가보자고. 이제 다리가 전선이 되는 거야. 도로에 일정 간격마다 있던 가로등들이 +전하가 되고, 자동차는 -전하를 가진 전자가 되지. 그럼 마찬가지로 두 전선이 나란히 놓이고 두 전선 속 전자들이 전선을 따라서 같은 방향으로 흐르고 있을 때를 살펴보자.

색이 다른 하얀 전선과 검은 전선이 나란히 놓여 있다고 해보자. 하얀 전선 속에서 전선을 따라 한 방향으로 움직이는 전자가 자신이 움직인다는 사실을 모른다고 한다면, 그 전자는 자신이 정지해 있는 줄 아는 거야. 그리고 이 전자가 관찰자라면 이 전자의 입장에서는 옆에 나란히 놓인 검은 전선 속에서 자신과 똑같이 움직이고 있는 전자는 오히려 가만히 있는 것으로 보이고, 거꾸로 검은 전선 속 가만히 있는 +전하들은 상대적으로 움직이는 것으로 보일 거야.

그리고 이때 상대성이론에 의해 움직이는 것으로 보이는 +전하들 사이의 간격이 줄어들게 돼. 즉 +전하들이 더 오밀조밀하게 모여든 것이 되어버려. 원래 검은 전선 속 +전하와 -전하는 수가 같아서 전기적으로 중성이었어. 그런데 이렇게 되면 하얀 전선 속 전자가 볼 때 검은 전선에는 +전하가 더 많은 것이 되어버려. +전하들이 더

모여들어서 -전하들보다 더 많아져버렸기 때문이지.

그래서 검은 전선은 전기적으로 +전하를 갖게 되는 거지. 하얀 전선 속 -전하를 갖는 전자의 입장에서는 다른 전하를 갖는 검은 전선 쪽으로 끌어당겨지게 되는 거야. 그리고 이것은 검은 전선에 있는 전자의 입장에서도 마찬가지로 일어나는 일이기 때문에 그 검은 전선 속 전자도 하얀 전선 쪽으로 당겨지게 되지. 그래서 결국 서로 같은 방향으로 전류가 흐르는 두 전선끼리는 서로 끌어당겨지게 돼. 그리고 이 원리가 결국 자석이 서로 끌어당겨지는 원리이기도 하고."

깜돌이는 이 내용이 어려웠지만 적어도 자신이 이해할 수 있는 내용을 말할 수 있었어요.

"음, 누나. 좀 많이 어렵지만 그래도 내가 알 수 있는 건 있는 것 같아. 그러니까 원래는 전기적으로 중성이어서 서로 힘이 작용하지 않아도 되는 두 전선이 길이가 줄어드는 상대성이론에 의해 전기적 중성이 깨지면서 서로 끌어당기는 전기적 힘이 작용하게 된다는 거지? 그리고 이것이 자석의 원리가 된다는 거고?"

꽁주는 깜돌이가 대견하다는 듯이 웃으며 말했어요.

"맞아. 그리고 만약 나란히 놓인 두 전선에 전류가 서로 반대 방향으로 흐른다면 앞의 경우와 다르게 두 전선은 서로 밀어내는 힘을 갖게 돼. 물론 이때도 마찬가지로 상대성이론에 의해 길이가 줄어든 결과이고. 그리고 이것이 자석이 서로를 밀어내는 경우에 해당하지. 물론 자석 안에 실제 전선이 들어 있지는 않아. 그리고 자석 안 전하의 흐름은 우리가 살펴본 것과 완전히 같진 않지. 하지만 전하의 어떤 흐름 그리고 상대성이론에 의해 전기적 힘이 자석, 즉 자기의 힘으로 나타나게 된다는 점에서는 근본적으로 같다고 할 수 있어. 참 신기하지? 자석의 힘에 전혀 생각지 못했던 상대성이론이 들어 있다는 점이 말이야."

"응. 신기하다. 뭔가 어렵지만 신기하다는 것만큼은 알 것 같아. 지금 내가 갖고 노는 이 자석에 상대성이론이 적용된다는 거지? 오, 대단해. 대단해."

"응. 작은 세상 속에는 여러 재밌는 과학적 원리가 숨어 있고 우리는 그 원리들을 밝혀내면서 이 세상을 더 잘 이해하게 된다고 할 수 있어. 작은 세상이 큰 세상을 이루는 일부이니까."

깜돌이는 자석에 그런 신비한 원리가 있다는 것을 알고 한참을 쳐다보았어요. 충분히 그 신비로움을 느끼고 싶었거든요. 그러고는 주변을 둘러보며, 다른 작은 것들에는 또 어떤 신비함이 숨어 있을까 하고 생각했죠. 한이 형이 얼른 집에 왔으면 좋겠다는 마음도 들었어요. 오늘 많은 것을 배웠으니, 이제는 머리를 좀 쉬게 하고 밖에서 마음껏 뛰어놀고 싶었거든요. 과학도 좋지만 역시 아직 깜돌이는 산책이 세상에서 제일 좋은가 봐요!

19 **일반상대성이론**

**중력이 가속과
관련있다고?**

　　　　　　한이는 직장을 옮기게 되어 회사 근처 아파트로 이사를 가게 되었어요. 기존에 살던 곳과는 달리 아파트에는 엘리베이터가 있었어요. 깜돌이는 처음에 엘리베이터를 타고는 조금 어리둥절했어요. 분명 한이 형을 따라 어떤 방 안에 들어갔는데 그 방에서 나오면 완전히 다른 복도가 나타났거든요. 어쨌든 산책을 하러 나가는 건 좋았기 때문에 깜돌이는 엘리베이터에 금방 적응했고 이 이상함에 대해서는 더 이상 생각하지 않게 되었어요.

　하지만 꽁주는 달랐죠. 꽁주는 엘리베이터를 굉장히 신기하게 생각했어요. 왜 우리가 이것을 탈 때와 내릴 때 그 앞에 전혀 다른 복도가 나오는 걸까? 그리고 엘리베이터를 탔을 때 잠깐 느껴지는 이상한 느낌은 도대체 뭘까? 꽁주는 처음 엘리베이터를 탄 후로 며칠 동안 이것에 대해 생각했어요. 그리고 우연히 한이 오빠가 그 방 앞에서 통화하는 말을 들었죠.

"응. 엄마, 여기 7층이야. 이제 엘리베이터 앞이야. 나중에 통화할게."

'엘리베이터? 평소에 못 듣던 말인데. 혹시 이 방을 말하는 건가?'

꽁주는 그렇게 이 방의 이름이 엘리베이터라는 것을 알게 되었죠. 꽁주는 한이 오빠가 자는 동안 몰래 컴퓨터를 켠 후 인터넷에서 그 단어를 검색해보았어요.

'어디 보자. 엘리베이터……. 동력을 사용해 사람이나 화물을 위아래로 나르는 장치. 아, 그렇구나. 그래서 그런 거였어.'

꽁주는 얼른 컴퓨터를 끈 후 잠든 깜돌이 옆에 엎드려 엘리베이터에 대해 생각하기 시작했어요. 어느 정도 생각이 정리되자 꽁주도 잠이 들었어요.

다음 날 일찍 잠에서 깬 꽁주는 옆에서 곤히 잠든 깜돌이를 흔들어 깨웠어요. 얼른 깜돌이에게 엘리베이터에 대해 말해주고 싶었죠.

"깜돌아, 빨리 일어나봐. 얼른!"

"음, 누나 왜 그래? 아우. 아직 졸린데."

"어제 그렇게 일찍 잠들어놓고는 아직도 졸린다고? 빨리 일어나봐. 말해줄 게 있어."

"으음. 뭔데 그래?"

깜돌이는 앞발을 쭉 뻗어 기지개를 켜며 말했어요.

"우리가 산책 갈 때마다 들어간 방 있잖아? 문이 양쪽으로 열렸다가 닫히던 그 방 말이야. 왜 그 방에 들어갔다 나오면 전혀 다른 복도가 나오는지 드디어 알아냈어. 사람들은 그 방을 '엘리베이터'라고 불러."

"그래서 누나가 그렇게 흥분했구나. 모르던 것을 알게 돼서. 역시 호기심 여왕답다니까. 아, 그 방이 엘리베이터구나. 좋아. 누나, 계속 말해줘. 왜 거기에 들어갔다 나오면 다른 곳이 나왔던 거야?"

"엘리베이터를 타면 위로 이동하거나 아래로 이동하는 거였어. 아파트는 1층에 밖으로 나갈 수 있는 출구가 있거든. 그런데 우리 집은 7층에 있어. 그래서 산책하러 나갈 때는 7층에서 1층으로 이동한 거고, 집으로 들어올 때는 1층에서 7층으로 이동한 거야. 그러니까 그 방은 가만히 있던 것이 아니라 움직이는 장소였던 거지."

"아하! 그래서 들어갈 때랑 나올 때 다른 복도를 만나게 되었구나. 오! 수수께끼가 풀렸어. 역시 대단해, 누나."

"고마워. 그리고 한이 오빠가 말하는 걸 들었는데 사람들은 엘리베이터를 탄다고 말하더라고. 엘리베이터가 움직이기 때문에 자동차를 탄다고 말하는 것처럼 엘리베이터도 탄다고 말했어. 엘리베이터를 타고 위층으로 또는 아래층으로 움직이니까."

"아, 재밌네."

"그런데 엘리베이터에 대해 알아보다가 흥미롭고 재밌는 걸 알게 됐어. 혹시 집에 들어오려고 엘리베이터를 탔을 때 뭔가 이상한 느낌이 들지 않았니?"

"맞아. 이상한 느낌이 들었는데. 음, 뭐라고 해야 하지. 약간 내 몸이 더 무거워지는 느낌이었던 것 같아."

꽁주는 고개를 끄덕이며 말했어요.

"맞아. 정확하게 느꼈어. 몸이 더 무거워지는 느낌이 들었지? 엘리베이터에서 어떤 일이 일어나는지 알아보기 전에 우리가 엘리베이터가 아닌 보통의 땅 위에 서 있는 상황을 생각해보자. 이전에 중력, 작용 반작용 그리고 힘의 평형에 대해 배웠던 거 기억나? 지구가 너를 당기는 중력으로 너의 몸무게만큼 힘이 아래로 작용하면, 반작용으로 땅은 딱 그만큼의 힘으로 너의 발바닥을 위로 밀게 돼. 그러면 너에게는 크기가 같고 방향이 반대인 두 힘이 작용하지. 그래서 두 힘의 합은 0이 되고 힘의 평형이 유지되어서 너는 땅 위에 가만히 서 있을 수 있는 거야.

이제 엘리베이터가 1층에서 7층으로 이동하는 상황을 알아보자. 엘리베이터는 1층에 정지해 있다가 7층으로 이동하기 위해 처음 잠깐 동안 빠르기를 더하는, 즉 가속하는 상황을 만들게 돼. 그런데 엘리베이터가 위로 가속하면 엘리베이터 바닥이 너의 발바닥을 평소보다 더 강하게 위로 밀지. 이때 발바닥에 평소보다 큰 힘이 느껴지니까 몸무게가 더 커진 느낌을 받는 거지. 마치 중력이 그때만큼은 더 커진 것처럼."

"오! 그렇구나. 그럼 7층에 정지해 있다가 아래층으로 움직이려고 가속하는 동안에는 거꾸로 내가 더 가볍게 느껴지겠네. 마치 중력이 약해진 것처럼."

꽁주는 깜돌이의 머리를 쓰다듬으며 말했어요.

"역시 우리 깜돌이는 하나를 알려주면 둘을 안다니까."

깜돌이는 어깨를 넓게 펴며 말했어요.

"나 똑똑하지? 누나!"

꽁주는 웃으며 말했죠.

"그럼 똑똑하지. 자, 이제부터 정말 신기한 내용이 나와. 처음에 우리는 엘리베이터 밖이 보이지 않으니까 사실 엘리베이터가 움직이는지 몰랐어. 이렇게 움직이는지 모르는 상황에서 엘리베이터 안에 있던 우리는 그저 어느 순간에 중력이 강해진 것처럼 느끼고 또 어느 순간에는 중력이 약해진 것처럼 느끼지. 그런데 이것은 엘리베이터 밖에서 보면 엘리베이터가 위로 가속하거나 아래로 가속했기 때문에 일어난 일이란 말이지."

"그렇지. 무슨 말이 하고 싶은 거야?"

"그러니까 엘리베이터 안에 있는 우리는 엘리베이터가 정지한 상태에서 실제로 중력이 강해진 건지 아니면 엘리베이터가 움직이며 위로 가속하는 건지, 이 두 상태를 구분할 수 없는 거야. 여기서 우리는 중력이 사실 어떤 힘인지에 대한 힌트를 얻을 수 있어. 중력은 사실 수수께끼 같던 힘이었어. 그런데 중력이라는 힘의 정체를 엘리베이터를 통해 얼핏 알 수 있게 된 거야. 우리가 가속함으로써 중력이 변한다면, 즉 가속이 중력을 결정 짓는다면, 사실 가속과 중력은 본질적으로 같은 현상이 아닐까? 빠르기가 변하는 가속이 또 다른 모습으로 드러난 현상이 우리의 몸무게를 만들어내는 중력이라는 신기한

힘이라는 거지."

"와! 뭐지? 중력이라는 힘이 사실 가속과 밀접한 관련이 있다는 거네?"

"정말 신기하지 않니? 중력의 정체가 가속과 연결되어 있다는 점이 말이야. 그리고 단지 엘리베이터로부터 우리가 이 모든 것을 끌어냈다는 것이 말이야. 그리고 어제 내가 책을 보니까 바로 이 개념이 아인슈타인이라는 유명한 과학자가 '일반상대성이론'이라는 멋진 이론을 만들 때 시작점이 된 개념이라고 해. 이 과학자는 이것을 시작으로 중력이 시공간의 휘어짐으로 인해 생긴 힘이라고 말했지."

"오, 신기해. 한이 형이 아파트로 이사 오길 잘한 것 같아. 우리가 중력에 대해 더 잘 알 수 있게 되었잖아?"

"그러게. 한이 오빠한테 고마워해야겠다. 아파트와 엘리베이터가 우리에게 과학을 알려주다니. 과학은 정말 어디에도 있나 봐."

이후로 깜돌이와 꽁주는 한이와 엘리베이터를 탈 때마다 중력의 신비로움을 느낄 수 있었어요. 물론 집에 올 때보다 산책을 나갈 때가 마음은 더 가벼웠지만 말이에요!

에필로그

안녕하세요, 여러분. 지금까지 『댕댕이와 함께 과학』을 읽어주셔서 정말 감사드려요. 재밌는 과학 여행이 되었다면 좋겠습니다.

저는 세상의 근본 원리를 알고 싶어 했어요. 그러다 보니 자연스럽게 수학과 물리학에 관심이 갔죠. 수학과 물리학에서는 기존에 상식으로 알던 것들을 뒤집는 재밌고 신기한 내용들이 많았어요. 이런 내용들을 접할 때마다 놀라워했죠. 그리고 어쩌면 공부라는 것은 이렇게 상식을 깨트리는 놀라움을 만나는 과정이 아닐까 하고 생각했어요.

이 책에 실린 질문들은 저 스스로 가장 궁금해했던 질문들이에요. 그리고 그 원리를 알게 되었을 때 큰 놀라움을 느꼈던 주제들이지요. 제가 궁금해하고 신기해했던 과학적 질문들은 다른 누군가도 궁금해하고 있지 않을까 하고 생각했어요. 이 질문들에 대한 호기심이 충족되었을 때 제가 느꼈던 기쁨을 다른 사람과 공유하기를 바라는 마음으로 이 글을 쓰기 시작했어요.

저는 이 책을 쓰면서 동화와 과학을 어우르는 작업이 참 좋았어요. 강아지의 일상생활에서 과학적 질문이 튀어나올 에피소드를 구상하는 것도 재밌었고, 깜돌이와 꽁주가 대화하면서 질문에 대한 과학적 답을 찾아가는 과정을 글로 풀어내는 것도 재밌었어요. 무엇보다 글 속에 제가 사랑하는 깜돌이와 꽁주가 등장한다는 점이 가장 좋았어요. 글을 쓰다 보면 제가 가끔 미소를 짓는 것을 깨달았죠. 강아지들을 사랑하는 마음을 글에 담아 쓸 수 있었던 것 같아요. 이렇게 글에 스민 작은 행복을 독자 여러분도 느끼시면 좋겠어요.

이 책에서 다룬 질문들 말고도 과학에는 더 재미있고 신기한 질문들이 많이 있을 거예요. 끝없이 이어지는 그 질문들에 서두르지 않고 천천히 다가가며 하나씩 알아가는 기쁨을 여러분도 만끽할 수 있길 바랍니다.

댕댕이와 함께 과학

초판 1쇄 2025년 7월 31일
지은이 김성환 | **편집기획** 북지육림 | **디자인** 박진범 | **종이** 다올페이퍼
제작 명지북프린팅 | **펴낸곳** 지노 | **펴낸이** 도진호, 조소진 | **출판신고** 2018년 4월 4일
주소 경기도 고양시 일산서구 강선로49, 916호
전화 070-4156-7770 | **팩스** 031-629-6577 | **이메일** jinopress@gmail.com

ⓒ 김성환, 2025
ISBN 979-11-93878-23-1 (03400)

- 이 책의 내용을 쓰고자 할 때는 저작권자와 출판사의 서면 허락을 받아야 합니다.
- 잘못된 책은 구입한 곳에서 바꾸어드립니다.
- 책값은 뒤표지에 있습니다.